国家出版基金项目
NATIONAL PUBLICATION FOUNDATION

“十四五”国家重点出版物出版规划项目

“双碳”目标下清洁能源气象服务丛书

丛书主编：丁一汇　丛书副主编：朱 蓉　申彦波

长江流域水电气象服务研究

田 刚　杜良敏　徐卫立　等 著

气象出版社
China Meteorological Press

内 容 简 介

水力发电是重要的清洁能源，长江水能可开发量约占全国可开发量的一半，对能源行业绿色低碳转型意义重大。本书概述了气象保障长江水电能源工程建设运行的主要做法，结合服务实践中的体会编写而成。主要内容包括：长江水利水电工程的气象需求分析、流域气象监测系统、电站坝区安全气象服务、电站调度气象预报预测服务、水电站气象服务体系及典型案例、发展与展望等。

本书可供从事水利水电工程气象服务的业务人员、研究人员以及高等院校师生参考使用。

图书在版编目（CIP）数据

长江流域水电气象服务研究 / 田刚等著. -- 北京 : 气象出版社, 2025. 1. --（“双碳”目标下清洁能源气象服务丛书 / 丁一汇主编）. -- ISBN 978-7-5029-8432-8

Ⅰ. TV752.5; P49

中国国家版本馆 CIP 数据核字第 2025NM7884 号

长江流域水电气象服务研究

Changjiang Liuyu Shuidian Qixiang Fuwu Yanjiu

出版发行：气象出版社

地　　址：北京市海淀区中关村南大街 46 号　　邮政编码：100081

电　　话：010-68407112（总编室）　010-68408042（发行部）

网　　址：http://www.qxcbs.com　　E-mail：qxcbs@cma.gov.cn

丛书策划：王萃萃　　终　　审：张　斌

责任编辑：王萃萃　　责任技编：赵相宁

封面设计：艺点设计　　责任校对：张硕杰

印　　刷：北京地大彩印有限公司

开　　本：787 mm×1092 mm　1/16　　印　　张：10

字　　数：249 千字

版　　次：2025 年 1 月第 1 版　　印　　次：2025 年 1 月第 1 次印刷

定　　价：110.00 元

著者名单

田　刚　杜良敏　徐卫立　孟英杰　郭广芬

李　波　张　俊　王继竹　高　琦　李　曲

肖　莺　张　灵　李琳琳　冯志州　王方方

王孝慈　夏　羽　童　奇　易香妤　明绍慧

丛书前言

2020年9月22日，在第七十五届联合国大会一般性辩论上，国家主席习近平向全世界郑重宣布——中国“二氧化碳排放力争于2030年前达到峰值，努力争取2060年前实现碳中和”。这是中国应对气候变化迈出的重要一步，必将对全球气候治理产生变革性影响。加快构建清洁低碳、安全高效能源体系是实现碳达峰、碳中和目标的重要部分，近年来，我国清洁能源发展规模持续扩大，为缓解能源资源约束和生态环境压力做出了突出贡献。但同时，清洁能源发展不平衡不充分的矛盾也日益凸显，不能满足当前清洁能源国家统筹、省负总责，建立国家和省两级协调，以省为主体统筹开展基地开发建设的发展需求，高质量跃升发展任重道远；各地区资源分布不均衡，需要因地制宜、分类施策，准确识别各区域具备开发利用条件的资源潜力至关重要。因此，迫切需要提高清洁能源气象服务保障能力。

风、光等作为气候资源，必然受到气象条件的影响，气象影响贯穿电场建设运行的始终，气象服务保障、气候评估等工作至关重要。气象部门以服务需求为引领，积累了基础风能太阳能资源观测资料，开展了资源评估，形成了风能太阳能资源监测和预报能力。面对目前的挑战和需求，气象出版社组织策划了“‘双碳’目标下清洁能源气象服务丛书”(以下简称“丛书”)，丛书系统全面介绍了包含陆上风能、海上风能、太阳能、水能、生物质能、核能等清洁能源特征，及其观测、预报预测、资源评估和开发潜力分析，相关气象灾害及其评估、预测与预警，各区域清洁能源发展规划、对策等新成果，介绍了各区域清洁能源开发利用气象保障服务体系框架、典型案例、应用示范以及煤炭清洁高效开发利用等方面的代表性成果，为助力能源绿色低碳转型，保障能源安全，实现碳达峰、碳中和目标，应对气候变化，促进我国经济社会高质量可持续发展提供科技支撑与服务。

丛书涵盖华北、东北、西北、华中、东南沿海、西南、新疆等区域中风能、太阳能等资源丰富和有代表性的地区，并覆盖水资源丰富的长江、黄河、金沙江、西江流域等，覆盖面广，内容全面，兼顾了科学性和实用性，既可为气象、能源、电力等相关领域的科研、业务人员提供参考，也可为政府部门统筹规划、精准施策提供科学依据。中国气象局首席气象专家朱蓉研究员和申彦波研究员作为丛书副主编，为保障丛书的顺利编写和出版做出了重要贡献；丛书编写团队集合了清洁能源气象观测、预报、科研、业务一线专家，涵盖了全国各区域的清洁能源科技创新团队带头人、首席专家和技术骨干，保证了丛书的科学性、权威性、创新性。

丛书得到中国工程院院士李泽椿和徐祥德的支持与推荐，列入了“十四五”国家重点出版物出版规划项目，并得到国家出版基金资助。丛书的组织和实施得到中国气象局、相关省(自治区、直辖市)气象局及电力、水利相关部门领导和专家的全力支持。在此，一并表示衷心感谢！

丛书编写出版所用的基础资料数据时间序列长、使用要素较多，涉及专业面广，参与编写人员众多，组织协调工作有一定难度，书中难免出现错漏之处，敬请广大读者批评指正。

丛书主编：丁一汇

2024年5月

本书前言

水能在转换为电能的过程中不发生化学变化，不排出有害物质，对空气和水体本身不产生污染，具有零碳排放的特点，是一种取之不尽、用之不竭的可再生清洁能源。水电的建设与运行相对其他新能源更为成熟与稳定，能够满足人类长期、可靠的能源需求，对于实现碳达峰碳中和目标具有重要意义。

水力发电需要研究流域内降雨量及时空分布，预测未来一段时间内的水资源供给，从而合理安排发电计划，降低灾害风险，提高发电效率。由于水电工程开发投资规模大、建设周期长、经济成本较高，发电受季节影响大，气象因素不仅对工程施工期安全施工影响大，也直接关系到工程运行期的发电、防洪、通航等调度方案和运行计划的制定。中国拥有世界上最丰富的水能资源，长江流域是我国水能资源最为富集的地区，特别是沿长江干流自上而下排列，已建成的乌东德、白鹤滩、溪洛渡、向家坝、三峡、葛洲坝6座串联梯级水电站，构成了世界最大清洁能源走廊。而长江流域地形地貌条件多样、天气气候特征复杂，给气象观测预报服务和水资源利用带来了很大的挑战。中国气象局高度重视长江水电气象保障，与工程建设管理运营方协同合作，从“共建共管、资源共享、优势互补、和谐发展”的理念出发，积极将现代气象业务发展融入国家大型水电工程建设运行安全和科学调度服务，在应对气候变化、实施“双碳”战略过程中，助力国之重器三峡、金沙江梯级电站群发挥清洁能源供应的“稳定器”“压舱石”作用。

本书编写人员长期从事大型水电站现场气象保障和水文气象预报预测技术研发工作，多位人员来自原湖北省流域水文气象预报业务创新团队。书中内容包括长江流域自然地理气候特征和水利水电工程气象需求分析、流域气象监测系统建设、电站坝区建设期和运行期安全气象服务、梯级电站群调度气象预报预测服务、水电站气象服务体系及典型案例、未来发展与展望等。技术研究涵盖流域地面高空气象观测及卫星雷达应用、坝区灾害性天气预报预警、流域旱涝趋势预测、流域关键期致洪降水预报、流域短中期精细化网格降水预报、水库突发洪水气象风险预警等。

本书系总结提炼30余年来气象部门服务大型水电工程建设运行的技术研究和业务服务成果经验而成，注重实用、立足继承、突出特点，着眼于水电能源开发对气象保障的实际需求，注重将前沿技术创新应用到水电能源气象服务，体现了气象科技能力现代化和社会服务现代化对水电能源气象服务的本质要求。

本书出版得到了中国气象局创新发展专项(CXFZ2022J018)、湖北省自然科学气象联合基金(2023AFD099)、长江电力股份有限责任公司科研计划(242021016)的联合资助。

由于编者水平有限,本书内容难免存在诸多疏漏和不足之处，因此恳请水电能源应用气象的同行读者批评指正。

作者

2024年12月

目录

第 1 章
绪　论

长江是亚洲和中国的第一大河，世界第三大河，横跨中国西南、华中和华东三大区，流域总面积约 180 万 km^2，干流通航里程 2800 km，具有东西双向开放的独特优势，在我国经济社会发展中具有重要地位。流域呈多级阶梯性地形，流经青藏高原、横断山脉、云贵高原、四川盆地、江南丘陵、长江中下游平原，年均径流量超过 9600 亿 m^3。长江流域降水丰沛，季风气候十分典型，洪涝灾害频发，特别是流域性大洪水给农业、城市等造成巨大损失。为趋利避害，长江上游建有金沙江下游—三峡梯级、雅砻江梯级、金沙江中游梯级等多个水利水电工程，承担防洪、发电、航运、生态等多重调度任务。而工程的施工建设、运营调度各个环节均与气象密切相关，气象服务要求高、难度大。

1.1 长江流域自然地理特征

1.1.1 长江流域地理特征

长江发源于青藏高原，自西向东流过横断山脉、云贵高原、四川盆地和长江中下游平原，于崇明岛以东注入东海，全长 6300 多千米，流经青海、西藏、四川、云南、重庆、湖北、湖南、江西、安徽、江苏、上海 11 个省(自治区、直辖市)，汇集 700 多条大小河流，串联众多湖泊，流域面积 180 万 km^2，约占全国总面积的 1/5。

长江流域总体位于 24°—35°N，90°—122°E，源头离海洋较远，东部邻近海洋。依据干流所处的地理环境及水文特征划分上游、中游、下游河段：自江源至湖北宜昌三峡出口的南津关为上游，长约 4500 km，占全江长度的 71%，流域面积 100 万 km^2；宜昌至江西湖口为中游，长 950 多千米，占全江长度的 14%，流域面积 68 万 km^2；湖口以下为下游，长 938 km，约占全江长度的 15%，流域面积约 12 万 km^2。长江流域在上游青藏高原地区为高原山地气候，其余则为亚热带季风气候。上游处于第一、二阶梯，地势高，落差大，水能丰富；中游和下游位于第三阶梯，地势低平。长江中下游土地肥沃，植被覆盖率和水土保持能力较强。

由江源至河口，整个地势西高东低，形成三级巨大阶梯。第一阶梯由青海南部、四川西部高原和横断山区组成，一般高程在 3500～5000 m。第二阶梯为云贵高原秦巴山地、四川盆地和鄂黔山地，一般高程在 500～2000 m。第三阶梯由淮阳山地、江南丘陵和长江中下游平原组成，一般高程在 500 m 以下。流域内的地貌类型众多，有山地、丘陵、盆地、高原和平原。

江源位于“世界屋脊”青藏高原，许多山峰海拔达 6000 m 以上，终年积雪。金沙江段河流强烈下切，形成约 2000 km 长的高山峡谷。河床比降大，滩多流急，水力资源十分丰富。其中著名的虎跳峡全长 17 km，落差达 210 m。金沙江在四川省新市镇以上，只有部分河段可季节性通航。新市镇以下进入四川盆地。两岸为低山和丘陵，河谷展宽，水流平缓，可全年通航。

金沙江在攀枝花市左岸有大支流雅砻江汇入。雅砻江，上游海拔在 4000 m 以上，呈高原景观，河谷宽阔，径流以雪水补给为主。中下游高山峡谷，两岸山高达 1000～1500 m，河宽 100～150 m。

宜宾至重庆的川江河段，接纳岷江、沱江和嘉陵江，这些河流的源流地区地势高峻，有的海拔达 3000～4000 m，到四川盆地边缘地形突然下降至 200～600 m。岷江上游，属高山峡谷，河槽多呈"V"形，宽 50～100 m。中游江口镇至乐山段进入丘陵区，水流平缓，漫滩发育，个别河段河谷宽达数千米，江面宽 155～500 m，洲滩密布，水流分汊。下游为低山宽谷河段，河宽 400～1000 m。岷江支流大渡河，除源头一带为高原宽谷，下游铜街子以下为丘陵宽谷外，均为典型的峡谷河流。大渡河泸定西南的贡嘎山，海拔达 7566 m，是长江流域最高的山峰。与大渡河谷地直线距离不到 30 km，相对高差竟达 6500 多米。沱江上游山区河段水浅滩多，流经成都平原时，水网纵横，中、下游丘陵区河道弯曲，滩沱相间，水流平缓。嘉陵江上游深切崇山峻岭，河谷狭窄，水流湍急，多滩险礁石，广元至合川段，河道逐渐开阔，先流经盆地北部深丘，而后过渡为浅丘区，曲流和阶地十分发育，比降变缓。合川至重庆段，河道经过盆地东部平行岭谷区，形成峡谷河段，谷宽 400～600 m，水面宽 150～400 m，其间有横切华蓥山脉所形成的"小三峡"（沥濞峡、温塘峡、观音峡）。

川江自宜宾至江津段，流经四川盆地南缘，两岸为由红色砂页岩构成的起伏平缓的丘陵，河谷较宽，一般达 2000～5000 m。江面宽 500～800 m，沿河阶地发育。江津以下河段，进入川东平行岭谷区，区内由 20 余条近东北—西南向的条状背斜山地与向斜宽谷组成。当川江穿过背斜时，形成了猫儿峡、铜锣峡、黄草峡等峡谷。最窄的黄草峡下峡口江面仅宽 250 m。当川江经过向斜层时，又形成宽谷，江面最宽达 1500 m。自奉节白帝城至宜昌南津关之间近 200 km 河段，为世界闻名的长江三峡，即瞿塘峡、巫峡和西陵峡。峡谷南岸山峰高 1000～1500 m。

重庆以下南岸有乌江汇入。乌江流域地处云贵高原东部，主要为石灰岩地层，山峦起伏，岩溶地貌十分发育，多溶洞、暗河。

长江出三峡过宜昌后，右岸有清江汇入。清江流域除利川、恩施、建始 3 个较大盆地及河口附近有小片丘陵外，其余均为高山区。两岸大部分为石灰岩，小部分为石英砂岩，岩溶发育，为高山峡谷河流。

长江经过一段丘陵过渡，进入荆江河段北岸为江汉平原，南岸为洞庭湖平原，并有三口（以前为四口，其中一口现已堵塞）与洞庭湖相通。长江洪水通过三口向洞庭湖分流，洞庭湖是调节洪水的天然水库。但由于多年泥沙淤积，洞庭湖日渐缩小，调蓄洪水的作用明显减弱。荆江河道迂回曲折，水流平缓，属蜿蜒型河道，经常发生自然裁弯，留下许多牛轭湖。荆江两岸受洪水威胁严重，两岸均有堤防保护，北岸为著名的荆江大堤。

长江在此北岸有汉江汇入，南岸有湘、资、沅、澧"四水"经洞庭湖汇入长江。汉江上游穿行秦岭、大巴山之间，高山峡谷间有河谷开阔的盆地。中游流经丘陵和盆地，河床宽浅，属游荡性分汊河段，下游蜿蜒在冲积平原上。四水上游一般为高山区，山高 1000～2000 m，河谷狭窄。中游为丘陵区，间有盆地，下游进入洞庭湖平原，属冲积河流。其中沅水中游峡谷、盆地相间，最长的沅陵—五强溪峡谷，长达 90 km。

长江过九江市，右岸有鄱阳湖纳赣江、抚河、信江、鄱江、修水"五水"后注入长江。赣江上游为高山峡谷，两岸山高 1000～1500 m。中游河谷狭窄，形成赣江十八滩。万安以下为山区宽谷，下游为滨湖平原湖沼。

长江自城陵矶至江阴的 1168 km 河段，大部分流经地势平坦的冲积平原，平原上河网湖泊密布。部分河段流经山地和丘陵，河谷宽阔，阶地发育。河道呈藕节状，时束时放，多洲滩分汊。

江阴以下为长江河口段，全长约 200 km，呈喇叭形。长江口潮汐属非正规浅海半日周期，平均一个周期为 12 h 25 min，平均潮差 4.62 m。平均总进潮量洪季大潮 53 亿 m^3，枯季小潮 13 亿 m^3。长江的潮流界汛期至江阴，枯季可达镇江；潮区界汛期至大通，枯季可达安庆。长江年输沙总量 4.86 亿 t，平均含沙量 0.54 kg/m^3，还有一部分泥沙来自口外，全潮平均含沙量为 1.55～2.52 kg/m^3。长江口咸淡水以缓混为主，口外平均含盐度 16‰。在潮汐、泥沙、地质、地貌、地球偏向力等复杂因素的影响下，口门处的沙洲不断消涨移动，江口多处分汊。经过 1300 多年的变迁，口门处已形成面积达 1083 km^2 的崇明岛。崇明岛将长江分为北支和南支。北支正在逐渐淤浅萎缩。南支是长江径流下泄的主要水道。南支在吴淞口附近由长兴岛分成南港和北港，南港又被九段沙分为南槽和北槽。南槽原是长江主航道，但近年主航道已逐渐转向北槽。长江口入海航道的滩顶水深一般在 6 m 左右。不足 10 m 水深的滩长，北港约 40 km，南港约 64 km。

长江中下游河段，比降小，水深江阔，终年可通过大型的船舶，是著名的"黄金水道"。

1.1.2　长江流域地理优势

长江是中华民族的母亲河，是中华民族发展的重要支撑。长江以其庞大的河湖水系，独特完整的自然生态系统，强大的涵养水源、繁育生物、释氧固碳、净化环境功能，维护了我国重要的生物基因宝库和生态安全；以其丰富的水土、森林、矿产、水能和航运资源，保障了国家的供水安全、粮食安全和能源安全；通过流域的治理与开发，孕育了灿烂的长江文明，在经济社会发展中发挥了重要作用。

长江是中国水量最丰富的河流，单位国土面积水资源量为 59.5 万 m^3/km^2，约为全国平均值的 2 倍。每年长江供水量超过 2000 亿 m^3，支撑流域经济社会供水安全。通过南水北调、引汉济渭、引江济淮、滇中引水等工程建设，惠泽流域外广大地区。

长江流域是我国水资源配置的战略水源地，也是我国水能资源最为富集的地区，水力资源理论蕴藏量达 30.05 万 MW，年电量 2.67 万亿 kW·h，约占全国的 40%；技术可开发装机容量 28.1 万 MW，年发电量 1.30 万亿 kW·h，分别占全国的 47%和 48%，是我国水电开发的主要基地。流域内风能、太阳能、生物能、地热能等十分丰富，是我国新能源发展的重点地区。

长江是联系东中西部的"黄金水道"。长江水系航运资源丰富，3600 多条通航河流的总计通航里程超过 7.1 万 km，占全国内河通航总里程的 56%；通航能力大，2017 年完成客运量 1.84 亿人次，占全国水路客运量的 65.0%，完成货运量 47.14 亿 t，占全国水路货运量的 70.6%。

长江流域横跨我国西南、华中和华东三大区，2017 年流域总人口 4.59 亿人，占全国的 33%，城镇化率达到 49%。流域人口密度较高，约为全国平均人口密度的 1.8 倍。形成了长江三角洲城市群、长江中游城市群、成渝城市群、江淮城市群、滇中城市群和黔中城市群，聚集地级以上城市 50 多个。2017 年长江流域地区生产总值 29.3 万亿元，占全国的 35.4%，是我国经济重心所在、活力所在，长江三角洲地区是我国经济最发达的区域之一。

流域内已建立起比较完善的水运、铁路、公路、航空等综合交通运输体系，初步形成了综合立体交通走廊。

1.1.3 长江流域自然资源

1.1.3.1 水资源

长江是中国水量最丰富的河流，水资源总量 9755 亿 m^3，约占全国河流径流总量的 36%，为黄河的 20 倍，在世界上仅次于赤道雨林地带的亚马孙河和刚果河（扎伊尔河），居第三位。与长江流域所处纬度带相似的南美洲的巴拉那——拉普拉塔河、北美洲的密西西比河，流域面积虽然都超过长江，但水资源量却远少于长江，前者水资源量约为长江的 70%，后者约为长江的 60%。长江因其资源丰富，支流和湖泊众多，它横贯哺育着华夏的南国大地，形成了我国承东启西的现代重要经济纽带。

1.1.3.2 生物资源

在长江流域，林木蓄积量占全国的 1/4，主要林区分布在川西、滇北、鄂西、湘西和江西等地，用材林仅次于东北林区，其中经济林则居全国首位，以油桐、漆树、柑橘、竹林等最为著称。国家重点保护的野生动植物群落、物种和数量在中国七大流域中多占首位。流域内已建立了约 100 处多保护目标的自然保护区，最著名的保护区位于湖北神农架。古老珍稀的孑遗植物如水杉、银杉、珙桐；硕果仅存的珍禽异兽——如大熊猫、金丝猴、白鳍豚、扬子鳄、朱鹮等驰名中外，多属长江流域特有。

1.1.3.3 矿产资源

在全国已探明的 130 种矿产中，长江流域有 110 余种，占全国的 80%以上。各类矿产中储量 80%以上的有钒、钛、汞、磷、萤石、芒硝、石绵等；占 50%以上的有铜、钨、锑、铋、锰、高岭土、天然气等。全国 11 个大型锰矿、八大铜矿，长江流域分别占有 5 处、3 处；湖南、江西的钨矿，湖南的锑矿，湖北的磷矿，均居全国之首。流域内煤矿储量少，仅占全国的 7.7%，主要集中于黔、川、滇 3 省，其中黔北六盘水煤矿居全国第 3 位。

1.1.3.4 旅游资源

长江流域幅员广大，历史悠久，景观纷呈，旅游资源富甲全国。其既有岳阳、昆明、贵阳、成都、重庆、南京、扬州、镇江、苏州、宜昌、武汉、上海、杭州、安庆、南昌、长沙、无锡等历史文化名城，又有风景名胜峨眉山、九寨沟、三峡、张家界、武当山、九华山、黄山、庐山、太湖、巢湖、洞庭湖、鄱阳湖等自然风光游览胜地。

1.1.3.5 农牧资源

长江流域大部分地处亚热带季风区，气候温暖湿润，四季分明，年积温高，农作物生长期长，许多地区雨热同季，农业生产的光、热、水、土条件优越。流域有耕地 2460 多万公顷，占全国耕地总面积的1/4，而农业生产的产值占全国农业总产值的40%，粮食产量也占全国的40%，其中水稻产量占全国的70%，棉花产量占全国的1/3以上，油菜籽、芝麻、蚕丝、麻类、茶叶、烟草、水果等经济作物，在全国也占有非常重要的地位。成都平原、江汉平原、洞庭湖区、鄱阳湖区、巢湖地区和太湖地区都是中国主要的商品粮基地。因此，长江流域也是中国最主要的农业生产基地。

长江流域西部虽为气候高寒的青藏高原，但草场辽阔，日照充足，温差较大，有利于牧草生长，牧草营养丰富，适口性好，是中国重要的牧区。主要牲畜有藏牦牛、藏绵羊、藏山羊、藏马。而长江中下游则农业发达，养殖业兴旺，四川、湖南、江苏是全国生猪拥有量最多的省份，四川、上海、湖南每公顷耕地载有生猪量为全国最高的地区，四川的黄牛、水牛等大型家畜拥有量居全国之冠。所以说，长江流域又是畜牧业生产的重要基地。

1.1.3.6 渔业资源

长江流域湖泊众多，河川如网，现有水面约1.3亿亩，接近全国淡水总面积的1/2，其中可供养殖的约5000万亩。鱼类的品种、产量均居全国首位，长江水系淡水鱼已知274种，为全国淡水鱼种的39%，其中鲤形目和鲈形目占半数以上，主要经济鱼类60多种，水产量占全国产量的60%以上。产区主要在中下游水域，渔业以淡水人工养殖为主，天然捕捞量不高。

1.2 长江流域气候资源特点

1.2.1 长江流域气候资源特征

长江经济带拥有得天独厚的区位优势，大部分地处亚热带季风区，气候温暖湿润，四季分明，年积温高，许多地区雨热同季，且光、热、水资源配合好，季节分配适宜，既拥有发展高产优质高效农业的基础条件，空中云水资源丰富，风能、太阳能等气候资源也具有很高的可开发性。

1.2.1.1 降水资源

《三峡工程水库调度关键期流域气候特征及预测方法》(肖舸 等，2014)中提到，长江流域平均年降水量(1961—2012年)1184.7 mm，长江流域平均年降水量空间分布很不均匀，等雨量线呈东北—西南走向，降水量从东南沿海向西北内陆递减，而且愈向内陆，减少愈为迅速(图1.1)。东南部年降水量可达1200 mm，而西北部不足500 mm，区域差异显著，支流中金沙江流域858.7 mm，岷沱江流域982.1 mm，嘉陵江流域1003.3 mm，乌江流域1127.6 mm，宜宾到重庆流域1068.3 mm，重庆到宜昌流域1136.5 mm，长江中下游流域1309.9 mm(表1.1)。江西景德镇附近、湖北和湖南西部、四川西部乐山附近以及四川西南部会理附近4个区域的年降水量均超过1000 mm，为4个多雨区。

降水量在年内分配方面，5—10月的雨季降水量占全年降水量的70%～90%。降水到来的季节差异也明显：一般湘江和赣江上游3月即开始进入雨季；4月，除金沙江、长江上游

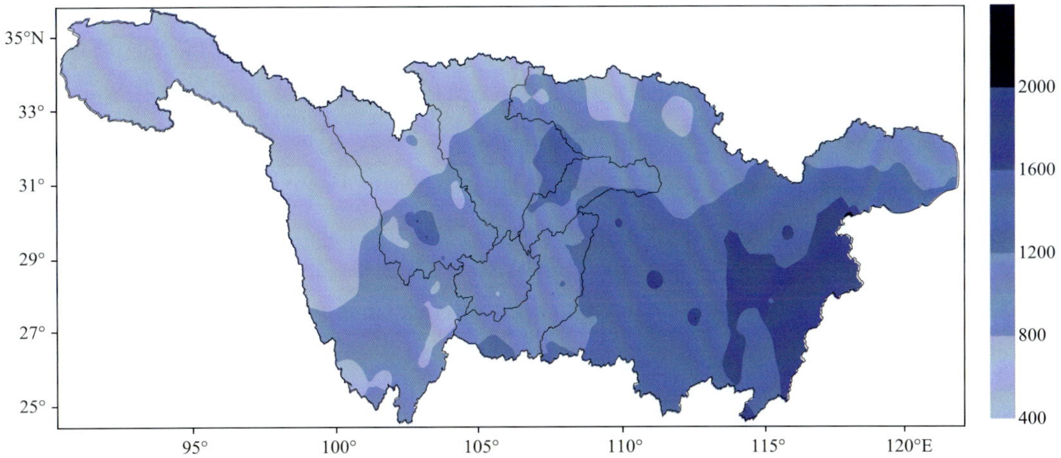

图 1.1 长江流域平均年降水量空间分布(单位：mm)

北岸和汉江上游外，流域各地普遍进入雨季；5 月雨带位于洞庭湖、鄱阳湖水系；6 月中旬至 7 月上旬，雨带徘徊于长江中下游干流两岸；7 月中旬至 8 月下旬，雨带深入至长江上游北岸和汉江中上游；9 月雨带南旋，多雨区从川西移至川东及汉江流域；在雅砻江、大渡河部分地区，上游干流区间，嘉陵江、乌江和清江大部及汉江中上游呈秋雨现象，同时长江三角洲也出现秋雨。10—11 月全流域雨季陆续结束。

表 1.1 1961—2012 年长江流域降水量特征值

流域名称	平均降水量/mm	最大年降水量		最小年降水量	
		年份	降水量/mm	年份	降水量/mm
长江流域	1184.7	1998	1366.1	1978	964.1
长江上游	997.9	1998	1133.9	2011	831.4
金沙江	858.7	1998	1031.5	2011	614.6
岷沱江	982.1	1961	1225.7	2006	788.2
嘉陵江	1003.3	1983	1250.0	1997	697.6
乌江	1127.6	1977	1381.5	2011	823.3
宜宾—重庆	1068.3	1968	1375.3	2011	716.6
重庆—宜昌	1136.5	1982	1441.3	2001	850.7
长江中下游	1309.9	2002	1568.5	1978	969.0

汛期长江流域平均降水量(1981—2010 年)524.5 mm，其中金沙江流域 517.4 mm，岷沱江流域 545.5 mm，嘉陵江流域 516.5 mm，乌江流域 529.7 mm，宜宾到重庆流域 510.4 mm，重庆到宜昌流域 507.1 mm，长江中下游流域 525.8 mm。其中金沙江下游、岷沱江下游、乌江上游和长江中下游的鄂西南、湘西北、江西东北部等地降水量大于 700 mm，长江上游西北部和中下游北部局部地区降水量小于 400 mm。流域内最大平均降水量出现在安徽黄山(1042 mm)，最小平均降水量出现在川西北的茂县(218 mm)。

蓄水期长江流域平均降水量(1981—2010 年)221.3 mm，其中金沙江流域 206.5 mm，岷沱江流域 199.3 mm，嘉陵江流域 234.3 mm，乌江流域 232.6 mm，宜宾到重庆流域 220.8 mm，重庆到宜昌流域 266.5 mm，长江中下游流域 222.1 mm。蓄水期平均降水量空间分布相对比较均匀，其中嘉陵江东南部、三峡区间、乌江东北部及其以东地区和金沙江下游降水量大于 250 mm，金沙江中上游大部和岷沱江、嘉陵江上游部分地区降水量小于 150 mm，其他大多在 150～250 mm。流域内最大平均降水量出现在湖南南岳(421 mm)，最小平均降水量出现在四川西部的乡城(87 mm)。

长江流域降水的年际变化较大。对 20 世纪 50 年代以来长江流域 154 个气象站降水量资料分析表明，长江流域 20 世纪 50—90 年代年降水量经历了“偏丰—偏枯—偏丰”的交替变化过程，近年有逐渐偏丰的趋势。20 世纪 90 年代长江全流域年降水量总体上增加，尤其是在中下游地区以及金沙江流域，但在四川盆地和汉江上游的降水量却减少；夏季降水量增加，春、秋季降水量反而减少，尤以秋季减少明显；四川盆地年降水总量减少，但在川东以及临近的三峡地区夏季降水量却明显增加。降水量年际变化较大，最大年降水量为最小年降水量的 2～4 倍，最大年降水量为多年平均年降水量的 1.3～1.9 倍，最小年降水量为多年平均年降水量的 0.46～0.62 倍。少雨期和多雨期交替出现，丰、枯变化频繁，且有连丰、连枯的现象，降水量连丰、连枯持续时间最长均为 6 a；短历时连丰的概率高于长历时连丰的概率；持续枯水年出现的次数明显多于持续丰水年出现的次数；连丰年平均降水量为多年平均降水量的 1.08～1.40 倍，连枯年平均降水量为多年平均降水量的 0.67～0.90 倍。

长江流域是我国暴雨多发、重发地区，并由此导致洪水。20 世纪长江流域共发生上游洪水 7 次、中游洪水 16 次、下游洪水 7 次，其中 1931 年、1954 年和 1998 年为 3 次全流域性洪水。进入 21 世纪，2020 年再次发生一次全流域性洪水。导致长江流域暴雨的天气系统主要有冷锋低槽、低涡切变、梅雨锋及热带气旋、东风波等类型。流域暴雨的地区分布规律为：上游地区的暴雨自四川盆地西北部边缘间盆地腹部及西部高原递减，中下游地区暴雨自东南向西北递减，山区暴雨多于平原和河谷，年暴雨日数在 5 d 以上的暴雨区主要有江西暴雨区、湘西北与鄂西南两区、大巴山暴雨区、川西暴雨区和大别山暴雨区。

汛期长江流域平均暴雨日数(1981—2010 年)1.81 d，其中金沙江流域 0.97 d，岷沱江流域 1.68 d，嘉陵江流域 1.88 d，乌江流域 1.67 d，宜宾到重庆流域 1.71 d，重庆到宜昌流域 1.79 d，长江中下游流域 1.98 d。汛期七大子流域除金沙江平均暴雨日数年不到 1 d 外，其他子流域平均暴雨日数均在 1.6～2.0 d。平均暴雨日数大于 2 d 的地区主要出现在长江中下游沿江及江南地区、以万源为中心的大巴山地区、以雅安为中心的川西地区和以盐边为中心的金沙江下游地区。流域内最大平均暴雨日数出现在安徽黄山(4.1 d)。

蓄水期长江流域平均暴雨日数(1981—2010 年)0.39 d，其中金沙江流域 0.21 d，岷沱江流域 0.23 d，嘉陵江流域 0.47 d，乌江流域 0.34 d，宜宾到重庆流域 0.21 d，重庆到宜昌流域 0.48 d，长江中下游流域 0.45 d。蓄水期流域内有 3 个平均暴雨日数在 0.6 d 以上的暴雨中心，分别是以米易为中心的金沙江下游暴雨区；以镇巴、开县、鹤峰为中心的大巴山暴雨区；以南岳、庐山、黄山为主心的暴雨区。流域内最大平均暴雨日数出现在湖南南岳(1.13 d)。

金沙江发源于青海境内唐古拉山脉的格拉丹冬雪山北麓，流经青藏高原、川西高原、横断山脉、云贵高原、川西南山地，到四川盆地西南部的宜宾为止，全长 3496 km。金沙江中、上游位于青藏高原，高原气候特征明显，属于高原季风气候区，下游大部平均海拔在1800 m以下，属于亚热带季风气候区。

金沙江流域雨旱分明，一年中有一段降水集中期，我们通常把它称为雨季(5月中旬至10月中旬)。期间有伴随着两次西南季风暴发，降水量迅速上升，并在7月达到峰值(肖舸等，2014)。相关研究表明，金沙江雨季(5—10月)降水量占全年的90%(孙士型 等，2008；张方伟 等，2011)。

从金沙江流域雨量及站点的分布来看，金沙江上段站点少且降水量小，主要降水集中在金沙江中下段，年际变化大是金沙江中下段雨季面雨量的主要特点，自1961年以来该流域面雨量呈现较明显的减少趋势，20世纪60年代偏多，70年代和80年代偏少，至90年代又转为略多，2000年之后，降水明显偏少。

1.2.1.2 云水资源

据统计(张有芷，1986)，长江流域全年平均输入水汽量67800亿 m^3，年均降水量为19370亿 m^3，仅占水汽输入量的28.5%。因此，长江流域降水降雨充沛，水力资源富集，在发电、灌溉、养殖、旅游等方面的综合利用效益很大。宜昌以上的上游地区水资源蕴藏量约占流域的80%，可开发的水能资源则占全流域的87%，其中宜宾以上的金沙江水系又占全流域的45%。如按水系划分，水能资源分布情况是：理论蕴藏量干流占34.2%，支流占65.8%；开发量干流占46%，支流占54%。各支流水能资源可开发量占全流域量的比重分别为：雅砻江14.8%，岷江(含大渡河)16.3%，嘉陵江4%，乌江4%。如按行政区划分：西部地区可能开发的水能资源占全流域的72.9%，其中重庆、四川占该区的64%；中部地区可能开发的水能资源约占全流域的26.7%；东部地区可能开发的水能资源仅占全流域的0.3%。

同时人工增雨潜力巨大，由表1.2可以看到，长江全流域可开发水资源达7045.2亿 m^3，其中宜昌以上金沙江、长江上游可开发水资源约5591亿 m^3，汉江上游可开发水资源可达319.1亿 m^3。

表1.2 长江流域各区及全流域空中云水资源和降水效率

流域名称	流域面积/km^2	年总CWP/(kg/m^2)	流域云水年总量/(亿 m^3)	流域降水年总量/(亿 m^3)	流域降水效率/%	可开发水资源/亿 m^3
金沙江	473974	1236.04	5858.5	3388.7	57.8	2469.8
长江上游	510218	1670.88	8525.1	5404.2	63.4	3120.9
汉江上游	95217	1166.04	1110.3	791.2	71.3	319.1
长江中游	578623	1708.11	9883.5	8239.2	83.4	1644.3
长江下游	124684	1362.62	1699.0	1547	91.1	152.0
长江	1782716	1481.75	26415.5	19370.3	73.3	7045.2

1.2.1.3 太阳能资源

根据2014年中国气象局风能太阳能资源中心发布的《2014年风能太阳能资源年景公报》，四川西部、云南大部及海南等地年水平面总辐照量平均值为1400～1750 kW·h/m^2，为太阳能资源很丰富区，等级为B；江淮、江汉、江南为1050～1400 kW·h/m^2，为太阳能资源丰富区，等级为 C，四川东部、重庆、贵州中东部、湖南中西部、湖北西部地区不足 1050 kW·h/m²，为太阳能资源一般区，等级为 D。光照充足，是发展高产优质高效农业的基础条件。太阳能资源丰富的地区，有效利用太阳能发电既能促进工农业生产、改善人民生活，又可保护生态环境。由太阳能资源分布来看，长江经济带相对全国是太阳能相对缺乏，但除四川盆地、重庆、贵州、湖南等地太阳能资源较欠缺外，其余各地有一定的开发价值。

1.2.1.4 风能资源

长江经济带季风气候明显，主要风能资源集中在下游江浙沿海，湖北、湖南、安徽、江西及川西、云南北部有一定的开发利用价值。江苏省东部沿海地区，部分地区年平均风速可达 5.0 m/s 以上，年风能有效小时数可达 6000 h 以上，年平均风功率密度可达 200 W/m²。由风能资源分布来看，长江经济带相对全国是太阳能相对缺乏，但除四川盆地和贵州外，其余各地仍有较大的开发价值。

1.2.2 气候特点

长江流域西源于青藏高原，东临太平洋，其地理位置及大气环流的季节变化，使其大部分地域气候成为典型的亚热带季风气候。冬寒夏热，干、湿季分明为其气候的基本特征。夏季，中、低空盛行偏南风，从海洋上来的暖湿气流，使长江流域温高、湿润、多雨。冬季则盛行偏北风，来自蒙古和西伯利亚的干冷空气控制全流域，天气寒冷、干燥、少雨。长江流域地域辽阔，地理地势环境复杂，各地区气候特征有明显差异。长江上游玉树以上地区位于青藏高原，为高原季风气候区，其气候特点为寒冷、干燥、气压低、日照长、辐射强和多大风；金沙江、雅砻江所流经的横断山脉地区，地势高差悬殊，有“一山有四季、十里不同天”的立体气候特征；四川盆地因北部有秦岭，南部有云贵高原，北风和南风侵入都不如中下游地区强烈，季风气候不如中下游明显，冬无严寒，夏无酷暑，温和湿润为其气候的主要特征；三峡地区位于四川盆地向中下游平原的过渡地区，气象要素东西差异大，但气温的日较差和年较差小，三峡地区湿而不涝，干而不旱，雨稠风轻，温和湿润。

据资料统计，长江流域降水量，地区分布趋势自东南向西北递减。受季风影响，年降水的 70%～90%集中在 5—10 月。流域大多数地区降水日数为 150 多天。四川雅安、峨眉山一带，年降水日数达 260 多天，俗称“天漏”。江源地区年降水日数不足 100 d。

受纬度和地形两个因子的共同作用，流域内平均气温分布较复杂，自流域南部的 19 ℃向北逐渐递减至 15 ℃，四川盆地到川西高原，从 17 ℃剧降到 0 ℃。云南省元谋站年均气温 21.9 ℃，为流域最高值；江源地区的五道梁站，年均气温−5.6 ℃，为流域最低值。

长江流域日照在 1000～2500 h，四川盆地、云贵高原多雾，日照在 1100～1200 h，日照多的地区是长江下游北岸及川西高原地区，日照时数 2000～2200 h。云南省元谋、昆明一带及江源地区日照时数达 2500～2700 h，是全流域日照最高地区。长江流域无霜期比较长，一般都在 240～300 d。

1.3 长江水电站建设概况

1.3.1 长江流域水资源利用保护概况

目前，长江流域水资源已经从大力开发利用逐步走向管理保护的新时期，上蓄、中调、下引的流域水资源开发利用工程格局逐步形成，但水资源供需矛盾也日益加剧。

在上游地区：随着近几年极端干旱事件连年发生，水库来水大幅减少，但同时承担“蓄丰补枯”作用，水库在枯期要考虑下游补水需求，因此维持低水位运行，与电力保供存在一定矛盾。

在中游地区：汉江流域水资源供需矛盾日益突出；长江上游水库群和洞庭湖水系、鄱阳湖水系控制性水库建设运行，引起两湖水系的水文情势变化，江湖水资源关系出现深度调整，两湖局部地区局部时段工程性缺水或水质性缺水甚至并发的局面难以避免。历史上，鄱阳湖有3000多平方千米的湖区面积，如今旱季的鄱阳湖只剩下300多平方千米。

在下游地区：每年的枯水季节，长江口都有不同程度的咸潮现象，2014年初长江口遭遇史上最持久咸潮，上海200万人饮水受影响。据初步统计，长江大通以下下游地区在干流修建的各种引调水工程有777个，用水安全不容忽视。

2015年，长江经济带11个省（市）已全部完成水资源管理“三条红线”指标的市、县两级分解工作。构建水环境监测网络，对长江干流和主要支流近60个断面的生态环境需水量进行了核算。持续推进农业面源污染综合防控示范区建设，提高农业面源污染监测预警能力。长江三角洲地区与八部委建立了大气污染防治协作小组，研究联防联控政策，安排实施重点工作。加强长江沿线天然林保护、退耕还林等生态工程建设，实施坡耕地水土流失综合治理、丹江口库区及上游水土保持等工程。安排林业专项资金266亿元，支持长江经济带11个省（市）开展林业生态保护。安排水污染防治专项资金57亿元，支持长江经济带实施重点湖泊、流域等水污染防治工程。

1.3.2 长江流域水力资源概况

长江干流全长约6300 km，从河源到河口总落差约5400 m；上游大支流雅砻江、岷江干流、大渡河、嘉陵江、乌江等河流的落差也达2000～4000 m。丰富的径流量和巨大的落差蕴藏着丰富的水力资源。根据2001年底对长江流域水力资源的复查成果，其理论蕴藏量达30.05万MW（含理论蕴藏量10 MW以下河流及单站0.1～0.5 MW装机容量），年发电量2.67万亿kW·h，约占全国总量的40%；技术可开发电站约5700座，装机容量28.1万MW，年发电1.30万亿kW·h，约占全国总量的1/2。

长江流域水力资源总体特点是：大型水电站数量多、比重大。截至2016年，共有大型水电站（装机容量300 MW及以上）107座，装机容量19.0万MW，年发电量0.86万亿kW·h，占全流域技术可开发量的 2/3，其中 1000 MW 以上的水电站 52 座，接近流域技术可开发装机的 3/5；10000 MW 以上的水电站 3 座，装机容量为流域的 1/6，分别是三峡、溪洛渡和白鹤滩水电站。长江流域水力资源分布特点为：①西多东少。上游装机容量 24.4 万 MW，为全流域的 6/7，大型水电站，特别是装机容量 1000 MW 以上的水电站主要集中在长江上游地区，全流域 52 座 1000 MW 及以上的水电站中，有 48 座分布在长江上游，其装机容量和年发电量占全流域大型水电站的 93%以上；中下游地区的水力资源基本上都分布在中游地区，下游地区极少。②支流水力资源多于干流，干、支流装机容量分别占全流域的 40% 和 60%。③特大型水电站主要集中在干流。6 座 4000 MW 以上的水电站全都分布在长江干流上，支流上只有 4000 MW 以下的水电站。

1.3.3 水力资源开发利用现状

长江流域一大批骨干工程巍然矗立，水资源开发利用成效显著。流域供水、灌溉、发电、航运、生态等水资源综合利用体系基本形成，为流域乃至全国经济社会发展提供了有力的支撑和保障。

到 2012 年，长江流域已建和在建水库有 51643 座，水库总库容 3606.89 亿 m^3，占长江水系多年平均地表水资源量的 36.7%，总兴利库容 1799.91 亿 m^3，占多年平均地表水资源的 18.3%，总防洪库容 765.82 亿 m^3，后两者比例都不算高，主要原因是长江流域大型水库仅 282 座，中型水库 1543 座，其余都是小型水库。建成地表水蓄、引、提、调水工程约 522 万座，实际供水能力 2050 亿 m^3。长江流域水库群的空间分布，洞庭湖流域最多，有 14758 座，占 28.6%，水电站最多的省份在四川，有 2736 座。南水北调工程总体规划为东线、中线和西线三条调水线路，水源地为长江，目前中线一期（95 亿 m^3）和东线一期（89 亿 m^3）已经完工，并于 2014 年 10 月向北方地区供水。如果三线工程全部完成，将为北方地区 1.1 亿人提供水源。

长江上游水流急、落差大，水电资源丰富，长江流域水电站多集中在长江上中游，长江流域已建和在建水电站共 9928 座，总装机容量 18823.34 万 kW，其中大型水电站 72 座。长江流域主要水电站有：三峡电站、二滩电站（装机容量为 330 万 kW）、葛洲坝电站（装机容量 271.5 万 kW）、五强溪电站（总装机容量 120 万 kW，年发电量在 53 亿 kW·h 以上）、丹江口电站（总装机容量 90 万 kW，年发电量为 38 亿 kW·h）。

长江流域已建、在建水电站发电量约为流域技术可开发量的 44%，占理论蕴藏量的 21%。下游地区水力资源已基本开发完，中游已开发了约 1/2，上游已开发了约 1/3。其中已建大型水电站 42 座以上，年发电量占流域技术可开发量的 28%，占大型水电站技术可开发量的 44%，接近已建、在建电站发电量的 2/3。干流宜宾以上、支流雅砻江和大渡河是我国最重要的水电开发基地，已建、在建电站的装机容量分别仅占其技术可开发量的 2/7、1/3 和 1/5，尚有较大的开发潜力。

1.3.4 建设分布

我国规划的十三大水电基地中有 5 个处在长江上游地区，分别是金沙江水电基地、雅砻

江水电基地、大渡河水电基地、乌江水电基地和长江上游水电基地。随着一大批大型水电站的开工建设，尤其是 2009 年底三峡工程的建成，以三峡工程为骨干的长江上游干支流梯级水电站群已初具规模。长江上游地区 2020 年前建设完成的大型水电站装机总量高达 8.8 万 MW，主要集中在金沙江中下游、雅砻江和大渡河。另预计到 2030 年左右，在金沙江上游、雅砻江和大渡河上，还将有装机总量超过 3 万 MW 的大型水电站建成。长江是我国水能资源最丰富的河流，但是由于金沙江段地质条件复杂，滑坡、泥石流、地震频繁，所以其水电基地推进速度没有黄河那么快。长江干流目前规划在建或者已经建成的水电站主要集中在金沙江段。

长江干流规划和在建(已建)的主要水电工程包括：金沙江上游的九级梯级水电规划；金沙江中游八级梯级水电规划；金沙江下游四级梯级水电开发；长江干流的五级梯级水电开发。从虎跳峡到宜昌，这些水电工程依次列出如下。

【虎跳峡工程】为规划工程，位于云南省丽江境内，地处金沙江干流石鼓下游 45 km 峡谷内。坝址控制流域面积 21.8 万 km^2，多年平均流量 1370 m^3/s，多年平均径流量 432 亿 m^3。规划水库正常蓄水位 1950 m，库容 181.6 亿 m^3，其中兴利库容 106.1 亿 m^3，防洪库容 40 亿 m^3。电站装机容量 600 万 kW，年发电量 302.9 亿 kW·h。

【洪门口工程】为规划工程，位于云南省永胜县境内金沙江干流上。坝址控制流域面积 23.93 万 km^2，多年平均流量 1680 m^3/s，多年平均径流量 511 亿 m^3。规划水库正常蓄水位 1600 m，库容 67.2 亿 m^3，其中兴利库容 35.4 亿 m^3，防洪库容 35.4 亿 m^3。电站装机容量 375 万 kW，保证出力 118 万 kW，年发电量 187.9 亿 kW·h。

【梓里工程】为规划工程，位于云南省丽江与永胜境内金沙江干流上。坝址控制流域面积 23.93 万 km^2，多年平均流量 1680 m^3/s，多年平均径流量 530 亿 m^3。规划水库正常蓄水位 1400 m，库容 14.9 亿 m^3，其中兴利库容 4.9 亿 m^3，防洪库容 4.9 亿 m^3。电站装机容量 208 万 kW，保证出力 49 万 kW，年发电量 105.9 亿 kW·h。

【皮厂工程】为规划工程，位于云南省宾川县境内金沙江干流上。坝址控制流域面积 24.73 万 km^2，多年平均流量 1750 m^3/s，多年平均径流量 552 亿 m^3。规划水库正常蓄水位 1280 m，库容 88.2 亿 m^3，其中兴利库容 27.9 亿 m^3，防洪库容 27.9 亿 m^3。电站装机容量 270 万 kW，保证出力 80 万 kW，年发电量 136.5 亿 kW·h。

【观音岩工程】为已建工程，位于四川省攀枝花市金沙江干流上。坝址控制流域面积 25.65 万 km^2，多年平均流量 1860 m^3/s，多年平均径流量 568 亿 m^3。水库正常蓄水位 1134 m，总库容为 22.5 亿 m^3，调节库容 5.55 亿 m^3。电站装机容量 300 万 kW，年发电量 122.4 亿 kW·h。

【乌东德工程】为已建工程，是金沙江下游河段规划的第一个梯级电站，位于四川省凉山州会东县与云南省昆明市禄劝县界河金沙江干流上。坝址控制流域面积 40.61 万 km^2，多年平均流量 3680 m^3/s，多年平均径流量 1170 亿 m^3。电站正常蓄水位 975 m，总库容 74.08 亿 m^3，电站装机容量 1020 万 kW，年发电量 389.1 亿 kW·h。

【白鹤滩工程】为已建工程，是金沙江下游河段的第二个梯级电站，位于云南省巧家县和四川省宁南县境，金沙江干流三滩村至白鹤村的峡谷内。坝址控制流域面积 43 万 km^2，多

年平均流量 4060 m^3/s。地形为两岸对称的 V 形河谷。库区出露岩层以沉积岩为主。大坝高程为 834 m，正常蓄水位 825 m，总库容 206 亿 m^3，电站装机容量 1600 万 kW，年发电量 624.4 亿 kW·h。

【溪洛渡工程】为已建工程，位于云南省永善县和四川省雷波县境内金沙江干流上。坝址控制流域面积 45.4 万 km^2，多年平均流量 4610 m^3/s，是一座以发电为主，兼有拦沙、防洪和改善下游航运等综合效益的巨型水电站。正常蓄水位 600 m，水库总库容 126.7 亿 m^3，调节库容 64.6 亿 m^3，防洪库容 46.5 亿 m^3。电站装机容量 1386 万 kW，年发电量 571.2 亿 kW·h。

【向家坝工程】为已建工程，是金沙江流域水利资源梯级开发的最后一级水电站，是一座以发电为主，兼顾防洪、拦沙、灌溉、航运等综合效益的巨型水电站。坝址位于四川省宜宾县和云南省水富县交界的金沙江峡谷出口处，向家坝至新滩坝之间长 8 km 的峡谷内，左岸是四川省宜宾县，右岸为云南省水富县，上距溪洛渡水电站约 196 km(公路)，下距四川省宜宾市 33 km(公路)，与三峡水利枢纽的直线距离为 700 km。两岸山高 400～500 m。电站坝址控制流域面积 45.88 万 km^2，占金沙江流域面积的 97%，正常蓄水位 380 m，总库容 51.85 亿 m^3，调节库容 9.05 亿 m^3，电站安装 8 台单机容量为 75 万 kW 和 3 台 45 万 kW 的水轮发电机组，装机容量 775 万 kW，年发电量 307.47 亿 kW·h。

【石棚工程】为规划工程，位于四川省泸州市境内长江干流上，为宜宾至宜昌河段的最上一级水利水电工程。坝址控制流域面积 64.6 万 km^2，多年平均流量 8100 m^3/s。开发任务为发电、航运等。规划水库正常蓄水位 265 m，回水至宜宾与岷江偏窗子水利水电工程相衔接，库容 30.8 亿 m^3，电站装机容量 213 万 kW，年发电量 126 亿 kW·h。

【朱扬溪工程】为规划工程，位于四川省江津县境内长江干流上，下距重庆市约 120 km。开发任务为发电、航运。坝址控制流域面积 69.5 万 km^2，多年平均流量 8640 m^3/s。规划水库正常蓄水位 230 m，库容 28 亿 m^3。电站设计装机容量 190 万 kW，保证出力 68 万 kW，年发电量 112 亿 kW·h，可改善长江航道里程约 120 km。

【小南海工程】为规划工程，位于四川省巴县境内长江干流上，在朱扬溪与三峡两水利水电工程之间。坝址控制流域面积 70.4 万 km^2，多年平均流量 8700 m^3/s。开发任务为航运、发电。规划水库正常蓄水位 195 m，库容 22.2 亿 m^3。电站装机容量 100 万 kW，保证出力 35 万 kW，年发电量 40 亿 kW·h。

【三峡工程】为已建工程，位于长江干流三峡河段下段西陵峡的湖北省宜昌三斗坪，下距葛洲坝水利水电工程 38 km。控制流域面积 100 万 km^2，占长江全流域面积的 56%。坝址处多年平均流量 14300 m^3/s，年平均径流量 4530 亿 m^3。水库正常蓄水位 175 m，总库容 393 亿 m^3；水库全长 600 余千米，平均宽度 1.1 km；水库面积 1084 km^2。三峡水电站总装机容量 2250 万 kW，年最大发电能力约 1000 亿 kW·h。该工程控制了长江宜昌以上的全部洪水，集中了川江河段的大部分落差，是综合治理和开发长江的关键工程，具有防洪、发电、航运等巨大的综合效益。

【葛洲坝工程】为已建工程，位于湖北省宜昌市南津关下游，奠基于 20 世纪 70 年代初，竣工于 80 年代末。枢纽主体由大坝及泄水建筑物、水电站厂房、通航建筑物等组成，大坝全

长 2606.5 m,坝顶高程 70 m。葛洲坝水力发电厂共装机 21 台,其中大江电厂安装 14 台机组,二江电厂安装 7 台机组,总容量 271.5 万 kW,年均发电量 157 亿 kW·h。

1.3.5 运行利用情况

在三峡工程建成后,以三峡工程为骨干的长江上游干支流梯级水电站群在防洪、发电、供水、生态保护等方面发挥着巨大作用。

(1)防汛抗旱:在汛期截流防洪,缓解下游防洪压力,能使下游荆江地区抵御百年一遇的特大洪水,也有助于洞庭湖的治理和荆江堤防的全面修补;在枯水干旱期,向下游补水,保障下游生产生活用水和生态用水需求。

(2)电力保供:长江上游干支流梯级水电站群是中国西电东送工程中线的骨干电源,主要送至华东、华中、南方区域,在电力保供中发挥支撑作用,为我国东部地区的经济社会发展提供关键电力保障。

(3)引水灌溉:水电站附近耕地可引取电站水库的水进行灌溉。

(4)生态保护:为了促进鱼类的正常繁殖,梯级电站每年开展不同种类的生态调度,保护鱼类生境。此外,还有泥沙冲淤调度、防止海潮入侵的调度等,保护长江生态环境。

1.4 水利水电工程对气象服务的需求

由于大中型水电工程具有投资规模大、涉及面广、建设周期长、自然条件复杂等特征,暴雨、大风、雷电等灾害性天气以及上游洪峰会对工程运行带来极大的影响。从国外商业化气象服务和中国大中型水电工程气象服务的开展来看,开展大中型工程气象服务首先要按照“共建共管、资源共享、优势互补、和谐发展”的管理理念,气象部门与工程建设方、管理方密切配合,互相补充,相互融合,最终达到互惠双赢的目的。

地处湖北宜昌的三峡工程是世界最大的水利枢纽工程,是治理和开发长江的关键性骨干工程,进行长江防洪度汛、发电优化调度、船闸安全通航、枢纽安全生产各项工作都需要气象提供相应的支撑保障。长江上游水利水电工程气象服务的最初对象是三峡工程,关注区域仅为三峡和葛洲坝两坝区周边,后随梯级电站的建设,其气象保障的模式也被应用到服务长江上游梯级水电站的施工建设、安全运行和电站群联合调度中。

1.4.1 水利枢纽工程建设施工气象保障需求

以三峡工程施工建设期为例,水利枢纽工程建设施工主要有以下气象需求。

1.4.1.1 安全施工气象保障需求

水利枢纽工程江河截流施工期间的气象安全保障服务:

(1)工程施工现场灾害天气预警服务;

(2)工程上游流域气象信息服务;

(3)工程施工保障气象服务:截流、导流、地基处理、土石坝、爆破、水闸、通航引水等各项工程涉及的大体积混凝土浇筑施工期,提供工程现场气象信息服务。

1.4.1.2 机电设备安装质量保障气象服务

为保证设备安装质量和金属焊接质量,支持机电设备安装、金属构件焊接以及安装方案科学决策,提供以下不利天气气象信息服务,包括相对湿度:机电设备安装期,相对湿度≥80%;金属构件焊接期,相对湿度≥90%;低温:日最低气温≤−10 ℃;风速:极大风速≥8 m/s。

1.4.2 水利枢纽工程水资源优化调度气象保障需求

以三峡工程运营调度期为例,水利枢纽工程水资源优化调度利用主要有以下气象需求。

1.4.2.1 流域年度旱涝趋势预测

为三峡、葛洲坝等长江上游水利枢纽全年防洪、发电、通航等调度方案和运行计划的编制提供降水趋势预测决策依据,预测年度三峡工程上游以及中下游降水的可能时空分布,分析年度上游、中游洪水产生的可能。

1.4.2.2 流域关键期定量降水预报

当长江上游、中游流域可能出现大范围强降水或三峡水库处于非常调度时期,为三峡、葛洲坝防洪、发电、通航调度方式和运行计划的适时调整提供定量降水预报决策依据,重点需要三峡水库消落期、汛期、蓄水期强降水或连续性降水的时间、强度和落区预报。

1.4.2.3 流域短期精细化降水预报

为三峡、葛洲坝水利枢纽实时调度提供长江上游各流域分区面雨量预报产品,提供暴雨中心的位置、强度和出现时间;提供金沙江流域雨季开始、结束时间。

1.4.2.4 三峡、葛洲坝灾害性天气预警

为水库优化调度、发电正常外送、船闸安全通航等枢纽的安全生产,提供坝址暴雨、雷电、大风等强对流天气预警服务,提供高低温、雨雪冰冻以及大雾等高影响天气服务。

1.4.2.5 实时气象信息保障

需要提供气象部门各类实时气象信息,保障通信网络的畅通,保障视频会商系统的正常运转,为气象服务能正常工作提供支撑。

1.4.3 普通水库电站气象服务需求

普通大型水库气象服务的主要服务对象是流域各省防汛抗旱指挥部和水库运营单位。大型水库共同的功能是防洪、发电、抗旱、供水,这些均与气象息息相关,其主要气象服务需求如下。

1.4.3.1 库区关键时期强降水过程预报

在汛期提前预报出库区流域范围内较强降水,以利于提前开闸排水,腾出库容,防止或减少库区周围的渍涝损失;在汛期结束之前,及时报出最后一场较大降雨过程,以利于关闸蓄水,以备冬春防旱和航运、养殖;在库水位较高时,及时预报库区的明显降水,可及时控制闸门和泄量,以减少洪水对堤坝的压力。

1.4.3.2 水库突发洪水气象风险预警

当水库上游即将或已经出现暴雨，达到致灾临界雨量形成突发洪水，水库水位可能达到危险高程，需要及时提供暴雨诱发的水库突发洪水气象风险预警服务。

1.4.3.3 提供人工增雨服务

为应对抗旱或增加水库蓄水量，在水库上游流域开展火箭增雨或飞机增雨作业。

第 2 章
长江流域气象监测系统

自葛洲坝工程建设伊始，气象部门即开始着手建立面向服务水电行业的气象专业监测系统。伴随着三峡—金沙江各大水利水电工程建设运行，从围绕施工建设的工程坝址周边气象站、天气雷达布设，到工程运营调度涉及的全流域气象观测数据共享，长江流域已集地、空、天为一体，实现了流域内 84 部新一代天气雷达、20000 多个区域自动站等海量气象资料的信息实时共享，形成了较为完备的流域气象监测系统。

2.1 地面气象监测

地面气象观测站主要提供高准确度、高可靠和稳定的观测资料和产品，用于气候变化研究，同时承担天气观测业务、水电工程坝区灾害性天气监测等任务。截至 2022 年 6 月底，长江流域共有国家级地面气象观测站 728 个；省级常规地面气象观测站 20419 个，水电工程坝区地面气象观测站 124 个，站网水平分辨率达到 8.2 km（见图 2.1、图 2.2）。

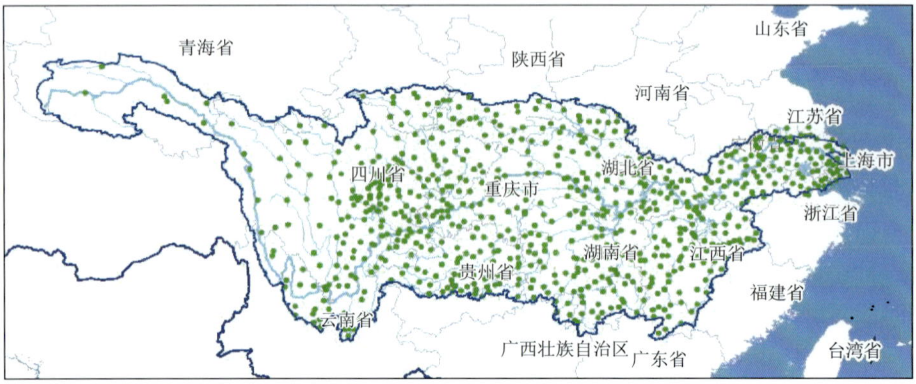

图 2.1　长江流域国家级地面气象观测站(国家站)分布

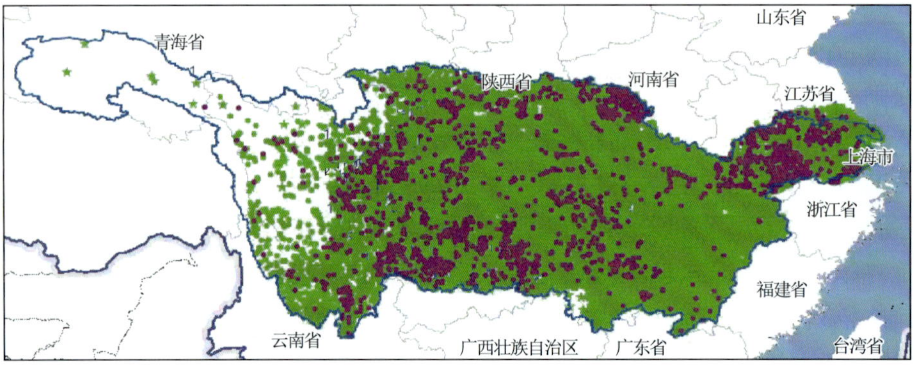

图 2.2　长江流域省级常规地面气象观测站(区域站)分布

2.1.1　国家级地面气象观测站

按承担的观测任务和作用将国家级地面气象观测站(图 2.1)分为国家基准气候站、国家基本气象站、国家一般气象站三大类，具体规定如下。

国家基准气候站。简称基准站，是根据国家气候区划及全球气候观测系统的要求，为获取具有充分代表性的长期、连续气象资料而设置的气候观测站，是国家气候站网的骨干。

国家基本气象站。简称基本站，是根据全国气候分析和天气预报的需要所设置的地面气象观测站，大多担负全球区域或国家气象信息交换任务，是国家天气气候站网的主体。

国家一般气象站。简称一般站，主要是按省(自治区、直辖市)行政区划设置的地面气象观测站，获取的观测资料主要用于本省(自治区、直辖市)和当地的气象服务，也是国家天气气候站网的补充。在对气象部门外名称统一规范为国家气象观测站。

观测的内容主要如表 2.1 所示，地面主要有气压、气温、降水、水汽、风向和风速等气象要素，而高空观测有云特征、高空大气温度、水汽、风向和风速等(表 2.1、表 2.2)。日照、蒸发、地温、天气现象等观测项目同时纳入观测资料系列(表 2.3)。所用气象观测仪器通常有气压传感器、温湿度传感器、风速传感器、风向传感器、翻斗雨量传感器等，观测任务包括数据采集、数据质控、数据存储、数据传输、运行监控、技术保障和观测产品加工。

表 2.1　地面气象观测站气象观测项目

地面	气压、气温、降水、水汽、风向和风速
高空	云特征、高空大气温度、水汽、风向和风速

表 2.2　地面气象(气候)观测站观测项目

	北京时				真太阳时
	02 时、08 时、14 时、20 时	08 时	14 时	20 时	日落后
观测项目	云、能见度	降水量、雪深		降水量、蒸发量、气压、气温、湿度、风向、风速、地温	日照时数
连续观测天气现象					

表 2.3　地面自动气象站观测项目

	北京时		地平时	
	每小时	20 时	每小时	24 时
观测项目	气压、气温、湿度、风向、风速、地温及其极值和出现时间 时降水量、时蒸发量	日蒸发量	辐射时曝辐量、辐射辐照度及其极值、出现时间、日照时数	辐射日曝辐量、辐射日最大辐照度及出现时间、日照总时数
说明	蒸发量、日照时数只在有些自动气象站中进行自动观测。 曝辐量、辐照度只在辐射观测站进行观测。 区域自动气象站根据需要设置观测项目。 专业气象观测站仅有某一种观测项目			

2.1.2 省级常规地面气象观测站

省级常规地面气象观测站又称区域气象观测站，简称区域站，是为满足不同部门特殊服务的需要，或用于天气气候站网的空间加密而设立的气象站。区域站以无人值守自动观测为主，其观测项目可根据需要而设定，通常观测的要素主要有风、温度、气压和湿度。除西部高原山地以外，四川盆地以东长江流域区域站间距在 8 km 以内(图 2.2)。

2.1.3 施工期坝区地面观测站分布

1991—2005 年，三峡周边区域气象站尚未大量布设，因此在三峡坝区专门建设了地面气象观测站。三峡坝区局地小气候影响区位于 30.76°—30.92°N，110.9°—111.1°E，为南北高、中间低地形。长江沿岸其西侧在 175 m 高程上宽约 0.7 km，东侧宽约 0.4 km。长江在此呈准“V”形分布，大坝施工区地势较宽阔。三峡坝区小尺度地形和地面气象观测站分布见图 2.3。

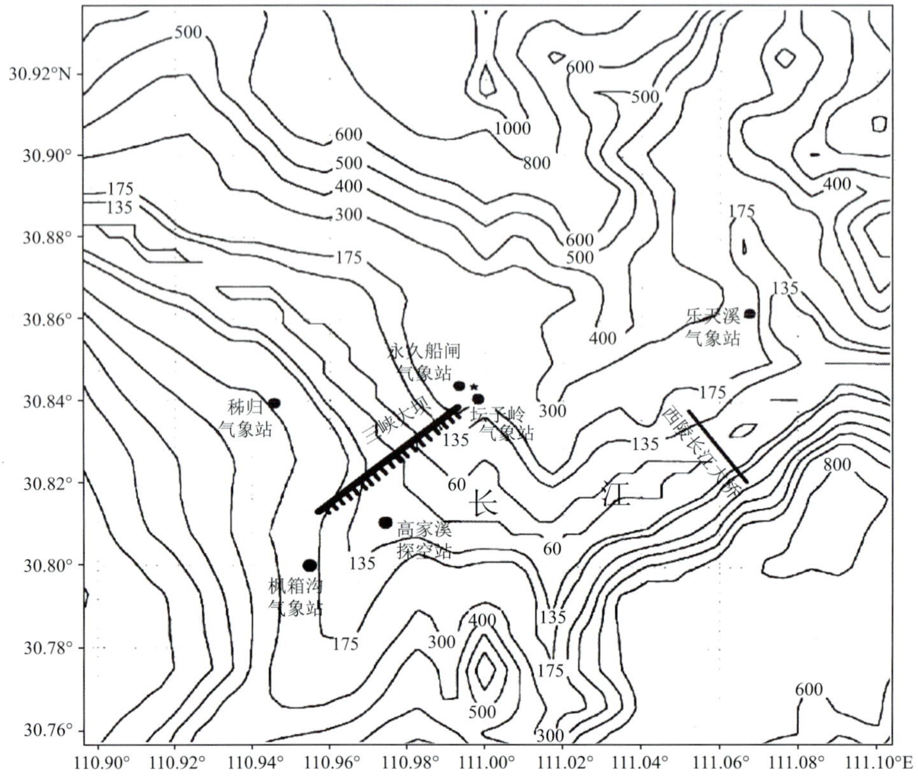

图 2.3 三峡工程坝区地形及气象观测站分布

三峡坝区地面观测站有：右岸的枫箱沟气象站、秭归县茅坪气象站，左岸的坛子岭气象站、乐天溪气象站。4 站分布于三峡坝区这个沿长江两岸宽不足 2 km、长约 8 km 的河谷地带。三峡坝区气象观测站地理位置详见表 2.4。地面气象观测项目有：气温、气压、降水、风向风速、湿度、地温、日照、天气现象等；所用气象观测仪器包括干湿球温度表，EN、EL 型电接风向风速仪(计)、雨量计、雨量器、日照计等;观测方法以自动观测为主,辅以人工观测进行订正对照。分析三峡坝区气候特征时以乐天溪气象站观测资料为主;分析坝区气象灾害时以坛子岭、枫箱沟和乐天溪气象站的观测资料为主,同时参照搬迁至茅坪后的秭归气象站观测资料。

表 2.4　三峡坝区地面气象观测站布局

序号	站名	北纬	东经	海拔高度	建站年份	距大坝位置
1	坛子岭	30°50′	111°00′	206.6 m	2001	坝轴线附近
2	枫箱沟	30°32′	111°00′	185.3 m	2003	坝下右侧 1 km
3	乐天溪	30°52′	111°05′	139.9 m	1992	坝下左侧 6 km
4	秭归	30°50′	110°58′	295.8 m	1998	坝上右侧 2 km

在三峡工程设计建设过程中,坝区天气监测和预报服务发挥了重要作用(图 2.4)。在其水库调度、通航、防洪、发电等方面,天气监测和预报服务同样具有不可替代的作用。为了进一步加强三峡坝区气象保障服务工作,分析其气候特征,研究其灾害性天气的气候规律,提高影响重大的强对流风暴和区域性暴雨监测水平是十分必要的。目前各站均已纳入区域站管理。

图 2.4　三峡气象站观测场

2.2　高低空气象监测

2.2.1　高空气象常规观测

长江流域现有高空气象探空站 27 个,分布情况见表 2.5。高空气象观测是指借助仪器对近地面层以上大气中各高度的气象状况进行观察和测定,获取低层大气各个不同高度上气压、温度、湿度、风向风速等气象要素随高度的分布状况。高空主要观测方法有气球探测、气象飞机探测、无线电探空和测风、气象雷达探测、气象火箭探测、气象卫星探测等。本书高空探测指无线电探空仪和测风气球，其观测技术要求见表 2.6。

表 2.5 高空气象探空站分布

省份	数量/个	站名
青海	2	沱沱河、玉树
四川	6	巴塘、甘孜、西昌、宜宾、温江、达县
云南	2	昆明、丽江
湖北	3	武汉、宜昌、恩施
湖南	3	长沙、怀化、郴州
江西	2	南昌、赣州
安徽	1	安庆
江苏	1	南京
上海	1	上海
贵州	2	威宁、贵阳
甘肃	1	武都
陕西	2	汉中、安康
河南	1	南阳

表 2.6 高空气象观测技术要求

测量要素	测量范围	业务应达到的准确度
温度	地面～100 hPa 100～5 hPa	≤0.5 ℃ ≤1.0 ℃
相对湿度	第一个对流层顶及以下 第一个对流层顶以上	≤5%RH
气压	地面～500 hPa 500～5 hPa	≤1 hPa
风向	地面～100 hPa： 风速≤10 m/s 风速>10 m/s 100～5 hPa	≤5° ≤2.5° ≤5°
风速	地面～100 hPa 100～5 hPa	≤1 m/s ≤2 m/s

2.2.2 低空平衡球观测

为了了解水电站坝区建成蓄水前的低空流场和大气扩散规律，结合数值模拟研究水库蓄水前后的变化，正确评价施工活动对区域空气质量的影响等提供客观依据，对坝区采用平衡球观测。三峡坝区平衡球观测点选定为：坛子岭、120 平台、14 小区、高家溪。

采用平衡球自由飘行轨迹双经纬仪观测法，平衡球经室内平衡后由升空气球携带到 200 m 左右高度释放，让平衡球体自由飘行，同时开始双经纬仪跟踪观测气球的移动，同步记录，并同时观测地面风向、风速（手持轻便风向风速仪 DEM6 型）、总低云量。观测时间一般 20 min，每隔 10～30 s 读数记录一次平飞点的相应数据，获取多个点数据，以小球代表空气质点，点绘其运动轨迹，并将轨迹投影到水平面，计算其移向移速，获取试验地区 100～600 m 高度范围的大气湍流扩散观测资料。观测时间通常跨度 1 a，根据天气情况，每季集中选 7～10 d 样本时段。

2.2.3 常规雷达观测

为了密切监视工程现场及周边的降水云团活动情况，重点探测中小尺度天气系统、监测灾害性天气。根据《新一代天气雷达选址规定》等气象观测业务规范要求，长江流域针对 39 个子流域共设有 84 部雷达（图 2.5）。

雷达观测于每年 4—10 月雷达开机全天时连续立体扫描观测。观测采用 VCP21 体扫模式（特殊情况按要求采用其他模式）。若在雷达有效监测范围内（仰角 1.5°）发现基本反射率中心强度大于 40 dBZ 回波时，及时与当地气象服务人员进行联防通报，发现灾害性天气应及时报告。

雷达观测参加全国组网，资料拼图时段为 5 月 15 日—10 月 5 日，拼图时间为北京时 08 时、11 时、14 时、17 时、20 时、23 时，正点前 10 min 内采样，正点后 5 min 内上网传输。拼图产品：

基本反射率	RPPI	仰角 1.5°	半径 230 km
组合反射率	CR	半径 230 km	
垂直液态含水量	VIL	半径 230 km	
1 h 累积降水量	OHP	半径 230 km	

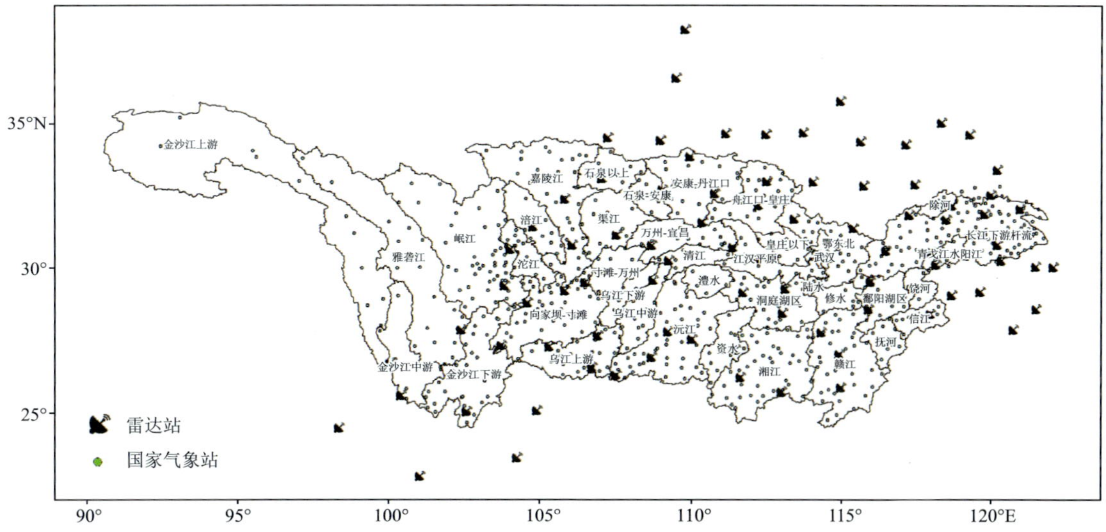

图 2.5　长江各个子流域和组网雷达分布示意图

2.2.4 风廓线雷达探测

风廓线雷达(Wind Profile Radar,WPR)是近年来国内主流遥感探测设备之一,其根据布拉格散射原理,利用电磁波捕捉大气中普遍存在的微小尺度湍流的回波信号,并以此为依据反演三维风场。与传统的放球式高空风场探测相比,风廓线雷达具有无耗材、无漂移和高时空分辨率的优点,被广泛应用于大气探测、航空气象保障和中小尺度天气预报等领域。如三峡坝址附近的秭归县国家气象观测站就安装了一部风廓线雷达,并实现了业务化运行。

2.2.5 气象卫星观测

卫星气象观测是从人造地球卫星上用遥感器探测地球大气的气象要素和天气现象的技术,是航天技术与遥感技术相结合应用于气象探测的结果,利用人造卫星探测的气象资料可供研究大气运动和为天气预报服务。自葛洲坝、三峡大坝工程开建伊始,气象卫星观测产品即成为气象资料服务的主要内容。

卫星气象观测具有地面气象观测无法相比的一些特点。①观测范围广:一颗极轨气象卫星每 12 h 左右就能对全球大气观测一遍,一条轨道在地面的扫描条带宽达 2800 km 左右。一颗静止气象卫星能获得地球上近 1 亿 km^2 的气象资料,能观测到台风系统的全貌和全过程。②观测次数多、时效快:静止气象卫星一般每 20 min 左右即可获得一次观测资料,还可用更短的时间间隔(5～15 min)取得较小范围的观测资料,对于监视灾害性天气系统特别有利。极轨道气象卫星在经过地面台站上空 10 多分钟内,可获得 1000 多万平方千米的资料。③不受自然条件和国界的限制:卫星气象观测能覆盖海洋、沙漠、高原等人烟稀少地区,填补这些地区气象观测资料的空白。

2.3 卫星云图及天气雷达的应用

2.3.1 天气预报预警

在长江流域天气分析和预报业务应用中,可见光和红外等各种云图的应用最为广泛和普遍,云顶温度、云顶高度、云量、高低空风场和云的相态等也使用得较多。暴雨和强对流天气往往直接造成气象灾害或者导致其他灾害,这类天气常常在一定的天气背景下,由各种中小尺度系统的活动产生。它们的空间尺度小、生命史短。静止气象卫星云图具有观测时间间隔短的特点,必要时间隔可加密为逐分钟,弥补了常规天气探测网观测时间间隔长(高空 12 h、地面 3 h 间隔)、空间分布不够密的不足,能够及早发现和连续追踪暴雨、飑线、强雪暴等强对流危险天气的发生发展。

随着 FY-4A 卫星和 FY-4B 卫星的业务化运行,静止气象卫星云图在长江流域天气预报预警中的应用大大增加。利用 FY-4A 卫星闪电资料对对流云团有一定的先兆信号,提前量达 30 min～1 h；使用 FY-4A 卫星多通道亮温数据进行云分类，由雨层云、密卷云、对流云范围确定降水区域，过滤掉雷达资料质控后非降水区域内的残留杂波和晴空回波，从而改进雷达质控；基于红外卫星云图开发云团识别跟踪算法，结合雷达、自动气象站提取云团降水特征，采用线性外推、多元线性回归方法，预报云团 0～3 h 位置及降水；采用诊断分析的方法，基于 FY-4A 卫星资料及欧洲数值预报产品，选取与水汽、上升强迫和不稳定 3 种基本物理成分相关的最佳“配料”因子，建立合适的“配料”综合指数方程。目前，湖北省气象局依托风云卫星科研项目，基于风云气象卫星资料，结合多普勒雷达、自动气象站资料和数值模式产品，开发了暴雨短时临近预报算法，建设了集卫星资料预处理、产品生成和预报分析为一体的暴雨卫星遥感应用示范平台。

长江流域的预报人员使用云图和天气雷达，结合其他监测预报工具和方法，在降水天气的预报、暴雨和强对流等天气的短期和短时预报服务中取得了极为显著的效益。例如 2017 年 7 月三峡坝区的雷暴大风天气，2020 年长江流域的强降水，卫星云图和雷达均起到了重要作用。

2.3.2 全流域拼图

利用多部天气雷达资料做出的天气雷达拼图，可以掌握比单部雷达更大范围的降水分布以及性质、强度、移动等信息，天气雷达拼图产品时间分辨率 6 min，对 β 中尺度天气的分析起着不可替代的关键作用，拼图的实现，不但弥补了因距离衰减、地球曲率等所造成的雷达图像失真、变形、探测范围有限的不足，而且拼图资料比天气图的时空密度大、实时性好、雨带明显，能及时掌握天气系统的演变及生消过程，从而大大提高天气雷达在长江流域预报中的作用。通过全流域雷达拼图，可以及时掌握雨带分布、强中心位置及强度，以此来作降水预报或掌握最新雨带的移动情况。在汛期中，及时掌握雨情，天气雷达拼图对防洪抗洪起着重要的作用（图 2.6）。

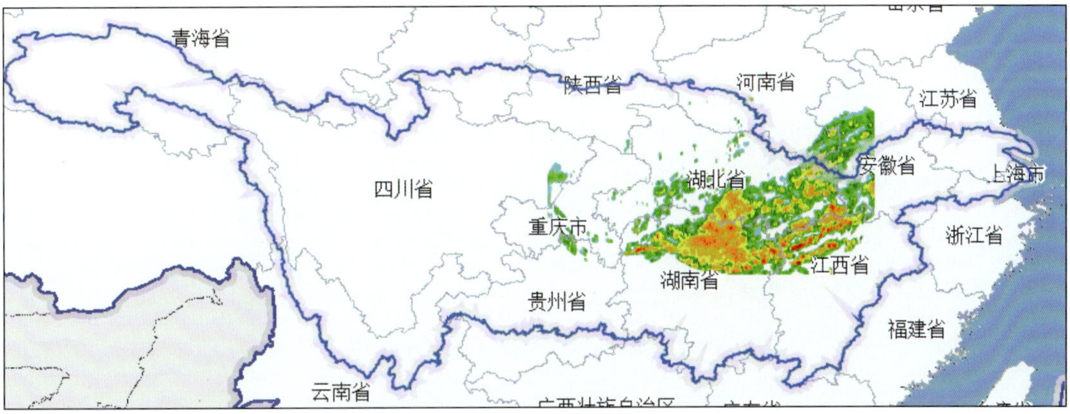

图 2.6 长江流域天气雷达拼图

利用长江流域组网多普勒天气雷达、国家级气象站，基于雷达及雨量计实时同步结合方法，构建逐时更新的积分型 Z-R 关系式，建立长江流域融合实况网格降水。相关方法 2007

年首先在武汉中心气象台开发的长江中游临近预报业务系统(MYNOS)中应用,后被推广应用至中国气象局的灾害天气短时临近预报系统(SWAN),目前已经将SWAN的定量降水估测方法向长江流域应用,已经实现流域周边84部雷达、736个国家气象站的业务应用,并伴随着雷达、地面雨量站的增加来实现相应改进。

2.3.3 多源融合实况计算

2.3.3.1 多源融合实况计算

由于中国国家气象信息中心2018年研发的业务化、网格化降水融合实况产品空间分辨率为5 km,更新时间“地面雨量站+卫星”二源融合实况产品、“地面雨量站+卫星+雷达”三源产品需要30 min以上,更新频次均为1 h滚动,因此主要应用于检验。为开展长江流域水文气象实时业务服务,采用“地面雨量站+雷达”融合方法建立一套网格化1 h累计实况产品,达到空间分辨率为1 km、更新时间10 min、更新频次为6 min滚动。

2.3.3.2 零时刻多源融合实况计算

利用长江流域组网多普勒天气雷达、国家级气象站,基于雷达—雨量计实时同步结合方法,构建逐时更新的积分型*Z-R*关系式,建立长江流域融合实况网格降水。相关方法2007年首先在武汉中心气象台开发的长江中游临近预报业务系统(MYNOS)中应用,后被推广应用至中国气象局的灾害天气短时临近预报系统(SWAN),将SWAN的定量降水估测方法向长江流域的应用,并伴随着雷达、地面雨量站的增加来实现相应改进。目前业务已稳定应用于长江流域39个子流域、84部雷达、736个国家气象站。

2.3.3.3 应用结果分析

通过评估各类多源融合产品在2018年4月21—23日、5月3次过程(5—6日、17—21日、29—30日)、6月17—22日及29—30日、7月3—12日、9月21—23日共8次强降水过程的适用性,结果表明:国家级二源产品平均误差率33.76%,8次过程均在25%~35%;三源产品平均误差率23.82%,8次过程在20%~30%。而本章采用的“地面雨量站+雷达”融合降水实况产品平均误差率31.28%,8次过程均在24%~34%,考虑剔除金沙江上游、雅砻江等雷达未覆盖区域,可以获得更好的效果。由于该产品误差介于国家级二源、三源产品之间,但分辨率、更新时间和更新频次上比国家级两种产品有一定的优势,因此,2018年开始,该产品被正式用于实时服务,国家级三源产品则用于网格业务的检验。

第 3 章

水电站坝区安全气象服务

在以三峡工程为代表的水利水电工程建设过程中，坝区天气监测和预报预警服务在安全保障中发挥了重要作用。在大坝防洪调度、通航管理、发电运营等方面，气象服务作用同样难以替代。由于三峡工程大坝主体与葛洲坝仅相隔 30 km，在三峡—葛洲坝两坝区气象保障服务工作中，需要对三峡坝区和葛洲坝坝区同时进行对比分析，掌握其基本气候特征，研究影响两地的主要灾害性天气并建立起相应的预报预警技术体系。特别是要提高影响重大的强对流风暴和暴雨的多普勒天气雷达回波识别和监测水平，才能面向工程建设、监理、运营等部门，针对性地开展气象预报预警服务。由于水电站坝区灾害性天气最亟须关注的时段是工程建设期，下面以三峡工程为例，研究工程主要建设期的水利水电工程气象服务，兼顾运行期服务。

3.1 水电站坝区灾害性天气气候规律

3.1.1 主要方法

（1）收集整理坝区地面气象观测资料，宜昌多普勒天气雷达回波资料，以三峡坝区的观测资料为基础，研究三峡坝区各季节气候特征和主要气象要素的时空分布，同时与宜昌市城区的气象观测资料进行对比。

（2）从灾害性天气的发生日期、强度、变化特征及主要影响系统出发，对三峡坝区和葛洲坝坝区发生的暴雨和强对流风暴灾害气候特征进行分析。

（3）选取 2001 年以来发生在三峡和葛洲坝坝区瞬间极大风速大于或等于 24.5 m/s（风力≥10 级）的强风暴，就其风暴概况、天气背景和多普勒雷达回波特征进行分析。

（4）从过程概况、天气背景、卫星云图和多普勒雷达回波特征分析出发，选取 2005 年 7 月 9 日和 2006 年 9 月 4 日两次区域性暴雨个例，分析暴雨过程中三峡近坝区雷达回波特征，并与强风暴带状回波进行区别。

3.1.2 主要气候特征

以三峡坝区的观测资料为基础，研究三峡坝区各季节气候特征和主要气象要素的时空分布，同时与宜昌市城区的气象观测资料进行对比，分析葛洲坝与三峡坝区的气候差异。

3.1.2.1 各季节气候特征

三峡坝区属亚热带大陆性季风气候，太阳辐射和大气环流有着明显的季节变化，气候温和，四季分明，热量和雨量资源丰富，受季风和地形影响，灾害性天气频发。

以候平均气温小于 10 ℃为冬季，大于 22 ℃为夏季，10 ℃和 22 ℃之间分别为春季和秋季。按照这个标准划分，三峡坝区四季的开始和结束时间如表 3.1 所示。

总体而言，三峡和葛洲坝坝区具有冬暖、春早、夏热、秋雨、湿度大、云雾多、风力小、霜雪少等气候特征。冬夏长而春秋短，四季分明，热量丰富，降雨充沛，雨热同季，气候资源丰富。

表 3.1 三峡坝区历年平均季节分布

春季			夏季			秋季			冬季		
开始	结束	天数	开始	结束	天数	开始	结束	天数	开始	结束	天数
3月1日	5月19日	80 d	5月20日	9月16日	120 d	9月17日	11月29日	74 d	11月30日	2月28日	91 d

入春以后，日平均气温稳定通过 10 ℃的初日一般出现在 2 月下旬至 3 月初。春季西伯利亚冷空气势力仍很强大，平均每 7 d 左右就有一次南下过程，高原南支槽脊波动东移，冷暖气流势力相当时，可造成长时间的阴雨天气。三峡坝区春季最长连续降水日数达 10 d，降水日数 37.8 d，占全年总数的 27%。降水量增加很快，由 2 月的 30 mm 左右至 5 月增加到 150 mm 左右。春季降水量占全年的 23%。若前期气温高，当强冷空气南下时，24 h 降温可达 15 ℃左右，并伴有雷雨、大风、冰雹、飑线等强对流天气过程。当干冷空气南下时，北方风沙可经高空传播至本地下沉，形成较长时间的浮尘天气，平均每年浮尘日数 4.7 d，占全年的 57%。

夏季表现为初夏和盛夏两种截然不同的气候。初夏时副热带高压 23°N 左右，坝区处于副热带高压（简称“副高”）北侧西缘，受江淮切变和四川低涡东移影响，可形成强度大的连续性降水天气，气温在 23 ℃左右，相对湿度大，雨日多，雨量大，暴雨频繁，梅雨较明显，有些年份梅雨持续到 8 月中下旬（例如 1954 年、1998 年），形成长江流域的特大洪涝；但有些年份（如 2001 年）出现“空梅”，雨带很快跃过长江中下游直达黄河流域甚至华北地区。7 月中旬前后，副高位于 27°N 以北，坝区晴朗少云，风力弱，加之河谷内不易散热，极端最高气温高达 40 ℃以上。当副高和青藏高压长时间控制本地时，可造成伏旱；当副高东撤时，又有可能发生暴雨和山洪。当本地位于副高西侧外围时，受河谷特殊地形和水陆热属性差异的综合作用，午后多局地雷阵雨天气，常伴有强风暴等灾害。例如 2001 年 7 月 21—28 日，每天午后至傍晚都发生雷雨风暴灾害，2001 年极大风速≥8 级的风暴共出现了 8 次。总之，夏季降水多而不稳定，风暴和旱涝灾害频繁，降水量占全年的 49%。

从 9 月中旬开始进入秋季。秋季由于干燥寒冷的蒙古高压迅速地从低层替代了印度低压，成为控制系统，因此气温下降快，与春季缓慢升温形成对照，9—11 月平均每个月降温 6 ℃左右，平均每 10 d 降温 2 ℃左右。由于坝区周缘山岭纵横，河谷深切，入秋以后暖湿空气南撤缓慢，又有冷空气南下时沿河谷自东向西的回流作用，与长江中下游平原相比秋雨明显增多。平均而言，三峡坝区 9 月降水量较江汉平原偏多 64%，雨日多 3.5 d；10 月降水量偏多 84%，雨日多 4.4 d（表 3.2）。坝区及三峡库区处于华西秋雨气候区域内，因此秋雨特征较明显。

表 3.2 鄂西山区与江汉平原的秋雨比较

项目	月份	鄂西山区				江汉平原			
		坝区	巴东	恩施	平均	钟祥	武汉	黄石	平均
雨量/mm	9月	102.6	123.7	195.9	140.7	96.3	90.7	71.2	86.1
	10月	110.4	82.0	118.2	103.5	60.6	53.1	55.0	56.2
雨日/d	9月	11.0	13.3	14.3	12.9	11.1	8.4	8.7	9.4
	10月	12.7	13.0	15.9	13.9	10.0	9.4	9.0	9.5

三峡库区秋雨有明显加强趋势，例如1995年10月雨量偏多60%；1996年11月4—6日连降3 d大到暴雨，该月雨量偏多257%；2000年9—10月雨量多达448 mm，偏多110%；2001年10月雨量为248 mm，偏多125%。同时秋季降水的年际变化大，以宜昌城区1952—2000年秋季降水为例，9月平均雨量114.5 mm，最多的1989年达400.8 mm，而少的1990年同期只有2.0 mm，平均相对变率为56%；10月平均雨量80.6 mm，最多的1983年达293.9 mm，而最少的1979年同期只有0.2 mm，平均相对变率为49%。因此，正确地分析和预报坝区及上游的秋雨，对三峡水库运行调度意义重大。

从12月开始进入冬季。据统计，当蒙古冷高压较常年偏高8 hPa以上、阿留申低压偏低4 hPa以上时，在强劲的冬季风侵袭下，会出现异常低温，例如1955年、1969年和1977年1月。当中纬度以纬向西风为主时，又会出现异常冬暖，例如2000—2001年。由于秦巴山脉的屏障作用，小股冷空气不易入侵，三峡坝区较江汉平原而言，冬暖明显。以1月平均气温为例，三峡坝区比同纬度的钟祥高2.3 ℃，比宜昌高0.6 ℃。平均而言，三峡河谷1月平均气温较江汉平原高2.7 ℃，最低气温≤−5 ℃的平均日数少5.3 d，极端最低气温更是高10 ℃以上(表3.3)。因此冬暖是三峡坝区和库区的又一气候特征。

表3.3 三峡河谷与江汉平原冬季气温比较

	三峡河谷					江汉平原				
	巴东	秭归	坝区	兴山	平均	钟祥	京山	孝感	新洲	平均
1月平均气温/℃	6.0	6.5	5.8	5.5	5.9	3.3	3.1	3.2	3.2	3.2
≤−5 ℃日数/d	0.2	0.0	0.0	0.2	0.1	2.8	9.7	3.8	5.2	5.4

3.1.2.2 气温

(1)气温的平均状况和极值分布

根据乐天溪气象站1992—2005年气温观测资料统计，本地年平均气温为17.2 ℃(表3.4)，近14 a在16.4～17.9 ℃之间变化，变幅为1.5 ℃。年平均最高气温为22.6 ℃，近14 a在21.3～23.4 ℃间变化，变幅为2.1 ℃。年平均最低气温13.2 ℃，近14 a在12.5～13.9 ℃间变化，变幅为1.4 ℃。极端最高气温为40.8 ℃，出现在2005年7月4日；极端最低气温−5.7 ℃，出现在1999年12月22日。

表3.4 三峡坝区各月气温分布

单位：℃

	月份												
	1	2	3	4	5	6	7	8	9	10	11	12	全年
平均气温	5.8	8.0	11.7	17.8	21.8	25.2	27.5	26.7	23.3	17.7	12.7	7.8	17.2
平均最高	10.3	13.0	17.2	24.0	27.5	30.7	33.2	32.4	29.0	23.0	18.0	12.4	22.6
平均最低	2.5	4.4	7.7	13.2	17.3	21.1	23.6	22.9	19.4	14.0	9.0	4.5	13.3
极端最高	21.7	25.6	31.2	38.1	39.0	39.8	40.8	40.4	39.8	34.1	28.6	21.8	40.8
极端最低	−2.9	−2.2	−0.8	5.2	11.0	15.3	15.7	17.2	12.8	5.8	−1.1	−5.7	−5.7
日较差	7.8	8.6	9.6	10.8	10.2	9.6	9.7	9.5	9.6	9.1	9.0	7.9	9.3

注：表内日较差=平均最高气温−平均最低气温。

全年中1月平均气温最低，为5.8 ℃；1月极端最高气温在21.7 ℃，极端最低气温在−5～−3 ℃。表征低温特征的≤0 ℃、霜、雪、积雪、结冰初日、终日和平均初终间日数，参阅表3.5。总体而言，坝区冬季相对暖和。

全年中7月平均气温最高，为27.5 ℃，平均最高气温为33.2 ℃，平均最低气温23.6 ℃，平均日较差9.7 ℃。最高气温≥35 ℃最早出现在4月29日，最晚出现在9月28日，年平均日数30 d，主要出现在7—8月，占总日数的68%。最高气温≥37 ℃最早出现于5月5日，最晚出现在9月10日，年平均日数10 d。

表3.5 三峡坝区历年低温特征初日、终日和平均初终间日数

项目	最早出现日期	最晚终止日期	平均初终间日数/d
气温≤0 ℃	11月24日	2月25日	56
雪	12月2日	3月24日	46
积雪	12月12日	2月24日	11
结冰	11月24日	2月24日	53
霜	11月24日	2月17日	51
无霜期	—	—	314

为了进一步研究三峡坝区河谷气候特征，表3.6给出处于西陵峡中段的乐天溪（海拔139.9 m）和西陵峡口同高度的宜昌（海拔133.1 m）1992—2005年同步观测气温差。结果表明：地处峡谷的三峡坝区冬半年平均气温高于峡口，夏半年平均气温低于峡口；坝区平均最高气温比峡口偏高1 ℃左右；11月—次年3月两地的平均最低气温基本持平，4—10月坝区的平均最低气温较峡口低0.6 ℃。说明三峡坝区冬季比葛洲坝坝区暖；夏季白天比葛洲坝热，晚上比葛洲坝凉爽，平均日较差比葛洲坝高1.4 ℃。

表3.6 三峡坝区（峡谷）与宜昌（峡口）各月气温差

单位：℃

	1月	2月	3月	4月	5月	6月	7月	8月	9月	10月	11月	12月	全年
平均气温差	0.6	0.2	0.6	0.0	−0.2	−0.2	0.0	−0.3	−0.2	−0.3	0.4	0.2	0.1
平均最高气温差	1.2	0.9	1.5	1.1	0.7	0.7	1.1	1.0	0.9	0.5	1.3	0.8	1.0
平均最低气温差	0.3	−0.1	0.1	−0.5	−0.7	−0.6	−0.5	−0.8	−0.7	−0.5	−0.1	−0.1	−0.4

由表3.6可知，坝区3—11月平均气温日较差≥9.0 ℃，5月高达10.2 ℃。12月—次年2月<9.0 ℃，1月最小，仅为7.8 ℃。气温日较差与地面风有密切的关系，气温日较差越大，越有利于湍流的发展，气温日较差越小，越不利于大气扩散。

按康拉德指数计算公式：

$$K = \frac{1.7A}{\sin(\varphi + 10)} - 14 \tag{3.1}$$

式中，K为大陆度指数，A为气温年较差，φ为地理纬度，计算结果得到三峡坝区的大陆度指数为43，表3.7给出了西陵峡及沿长江以下同纬度各代表站的大陆度，由此可以看出，三峡河谷地区气温变化的剧烈程度较江汉平原地区要小。

表 3.7 长江沿岸各代表站气温年较差和大陆度

	巴东	三峡	宜昌	江陵	武汉	黄石
气温年较差/℃	22.4	21.9	23.4	24.4	25.6	25.0
大陆度指数	44	43	47	50	53	53

三峡坝区 5 d 滑动平均气温变化曲线大体呈正态分布，但升温过程较缓，降温过程较陡；且升温过程中在 3 月上中旬、5 月上旬、6 月中下旬有多个平台与阴雨天气相对应。峰值出现在 7 月中旬，低谷出现在 1 月中旬，12 月中旬还有一个低值区。三峡坝区由于山脉阻隔，冬季 1—2 月 250 m 以下海拔高度的平均气温较葛洲坝坝区高。夏季 7—9 月坝区各站的平均气温均低于葛洲坝坝区。

一年中，以 1 月、4 月、7 月、10 月的温度反映冬、春、夏、秋的温度状况。三峡坝区 1 月的平均温度在 5～6 ℃，4 月在 16.4～17.0 ℃，7 月在 28.0～29.0 ℃，10 月在 17.5～18.1 ℃。平均温度随高度呈递减式分布，一般递减率为 0.6 ℃/(100 m)，由于坝区海拔高度相差不到 200 m，因此平均气温相差一般不超过 1.2 ℃。

(2)平均最高气温和极端最高气温

最高气温一般出现于午后。以 2001 年三峡 4 站及宜昌市城区的各月平均最高气温为例：三峡坝区最冷月在 8.5～10.0 ℃，最热月在 33.8～35.2 ℃，春季 4 月和秋季 10 月分别在 22.0～23.5 ℃、21.5～22.1 ℃。三峡坝区由于地形封闭，最高气温较相同海拔平原开阔处高。

全年极端最高气温一般出现于夏季 7 月或 8 月。2001 年三峡坝区的各月极端最高气温见表 3.8，其最高值为：坛子岭 40.1 ℃(7 月 10 日)，乐天溪 39.8 ℃(7 月 10 日)。三峡河谷是我国东部的高温中心之一，从乐天溪 10 年(1992—2001 年)的气象记录看，≥40 ℃的高温出现过 4 年，作为比较，地处长江中游被称为“火炉”城市的武汉，同期(1992—2001 年)仅记录到 39.3 ℃(2000 年 7 月 16 日)的高温值。冬季强烈回暖时，三峡河谷地区的气温可升至 16～17 ℃。

表 3.8 2001 年三峡 4 站及宜昌城区的各月极端最高、最低气温

单位：℃

项目	测站	1 月	2 月	3 月	4 月	5 月	6 月	7 月	8 月	9 月	10 月	11 月	12 月
极端最高气温	宜昌	14.6	18.0	27.6	28.8	35.6	34.5	38.1	38.0	35.2	27.8	24.4	20.2
	乐天溪	17.4	20.3	28.8	30.2	37.0	35.2	39.8	38.7	36.5	29.0	24.4	19.1
	枫箱沟	16.1	19.6	28.3	30.3	36.0	35.5	38.4	38.0	35.7	28.5	22.8	18.5
	坛子岭	15.6	19.5	27.5	29.1	36.5	35.6	40.1	38.1	35.1	28.0	22.9	18.0
	秭归	15.4	19.0	27.7	29.4	34.8	34.3	38.2	37.0	34.4	27.9	22.4	18.0
极端最低气温	宜昌	−0.5	1.9	4.0	7.5	14.8	18.1	21.9	19.7	17.5	11.4	5.0	−1.1
	乐天溪	−0.5	1.4	2.4	6.1	13.2	16.4	20.8	18.1	16.3	10.4	3.8	−0.8
	枫箱沟	0.1	1.4	3.0	6.9	13.5	18.0	21.7	18.6	16.4	11.4	4.8	−0.7
	坛子岭	−0.3	1.3	2.8	7.3	13.3	17.6	21.2	18.8	16.6	11.2	4.3	−1.0
	秭归	−0.3	1.4	2.8	6.7	13.8	17.5	21.7	18.4	16.6	10.9	4.1	−0.8

(3)平均最低气温和极端最低气温

最低气温一般出现于清晨前后，2000 年三峡 4 站及宜昌市城区各月平均最低气温，最冷月三峡坝区在3.0～3.5 ℃，最热月在24.0 ℃左右。春季4月和秋季10月分别在12.5 ℃、15.2 ℃左右。冬季三峡河谷相对温暖，平均最低气温一般≥3 ℃，极少冰雪、霜冻。山区河谷地带最低气温相对较低，例如，海拔高度相当的宜昌和三峡乐天溪两站相比，乐天溪的平均最低气温一般较宜昌低，冬季低0.2 ℃左右，夏季低1.0 ℃以上。与平均气温相比，平均最低气温较之低2～5 ℃，一般冬季低2～3 ℃，夏季低4～5 ℃。

极端最低气温是某段时间内所观测到的瞬时最低温度值，它反映的是一地低温的最大强度。全年极端最低气温一般出现于冬季1月。2001年三峡坝区各月极端最低气温见表3.8。其最低值为：12月三峡乐天溪的－0.8 ℃（宜昌为－1.1 ℃），坛子岭和秭归分别为－1.0 ℃和－0.8 ℃，从乐天溪10 a的气象记录看，极端最低气温为－5.7 ℃（1999年12月22日）。从表中还可见≤3 ℃的低温天气从12月开始至次年的3月都可出现。在最热的7月，也可因为冷空气的影响使极端最低气温降到21.0 ℃左右。

（4）气温日较差

月平均气温日较差可以由该月平均最高气温与平均最低气温之差计算得到。冬季月份气温日较差较小，其中1月为6.0 ℃左右，其他各季较大，一般在10.0 ℃左右，例如，3月和5月三峡4站均超过10.0 ℃。三峡坝区气温的日变化日较差较平原开阔地大。山区气温日较差还有山谷大，山坡小的特征。气温日较差大小与天气类型有较大关系，一般随着云系的增多而减小，因此晴天日较差较阴雨天大。

（5）三峡河谷的地形温度效应

如上所述，三峡河谷受山脉阻隔，具有明显的地形温度效应。以宜昌站为基准对地形的温度效应进行了估算，即按公式（3.2）推算出∇T，用其反映地形的增温效应。

$$\nabla T_i = T_i - (T_{yc} - \gamma \cdot H_i) \tag{3.2}$$

式中，T_i为考察站实测温度，T_{yc}为宜昌站温度，γ为温度递减率，H_i为考察站海拔高度。计算结果表明：地形的温度效应对不同温度项目表现是不一样的，大多数情况下，它使河谷地区的最高气温增加，最低气温降低，即使气温日较差增大。对于平均气温而言，使冬半年变暖，夏半年变凉，温度的年变化趋缓。由气温变化幅度看，在冬季，使平均气温增加了0.6 ℃左右，使最高气温增加了1.5 ℃左右；在夏季，则使平均气温降低了0.6 ℃左右，使最低气温降低了1.3 ℃左右。

3.1.2.3 三峡坝区的降水及湿度状况

三峡与我国东部季风气候区一样，具有夏半年高温湿润，冬半年寒冷干燥的基本气候特征。降水平均值以坝区近15年观测资料为准，极值引用了宜昌城区1883—2005年资料和近坝区暴雨分析资料。

（1）年降水量与季节分配

坝区平均年降水量为1162.9 mm，参考宜昌城区1883年以来的实况记录，最大年降水量为1830 mm左右，最小年降水量为640 mm左右，近百年来年降水量的最大变幅在±55％以内，其中春季（3—5月）平均降水量为266.8 mm，占全年平均的23％；夏季（6—8月）566.2 mm，占全年的49％；秋季（9—11月）256.2 mm；占全年的22％；冬季（12月—次年2月）73.7 mm，占全年的6％。汛期（5—9月）806 mm，占全年的69％；而秋季10—11月降水量153.6 mm，占全年的 13.2%。

(2)降水量月平均和月极值

表 3.9 给出了坝区各月平均降水量、占全年的百分比、平均相对变率和月极值。平均相对变率(V_r)表达了降水量相对于平均值的变化程度，按公式(3.3)计算。

$$V_r = \frac{1}{N}\sum_{i=1}^{n}|R_i - \overline{R}|\frac{100}{R} \tag{3.3}$$

式中，N 为计算时段内月份数，R_i 为计算时段内各月降水值，$\overline{R}$ 为各月平均降水量，R 为计算时段内平均降水量。

从表 3.9 中可以看出，全年中 12 月和 1 月降水量最少，平均为 20 mm 左右。3—4 月降水开始增加，5—6 月降水量较 3—4 月增加 1 倍以上，7—8 月为降水量的峰值，平均为 200 mm 左右，9—10 月降水量在 100 mm 左右，立冬以后雨雪量迅速减少，平均雨量的分布与平均气温的分布同步，表现出明显的雨热同季特征。9 月—次年 3 月降水量的平均相对变率大于 50%，而 4—8 月平均相对变率小于 50%。说明近年来本地夏半年降水量变化较小，旱涝灾害程度较轻，而冬半年降水不仅量小而且变化幅度大。

表 3.9　三峡坝区各月降水量、降水年分配、平均相对变率和降水量极值

项目	1 月	2 月	3 月	4 月	5 月	6 月	7 月	8 月	9 月	10 月	11 月	12 月	全年
平均降水量/mm	24.5	29.7	54.7	74.9	137.2	156.6	223.8	185.9	102.6	110.4	43.2	19.5	1162.9
占年平均/%	2.1	2.6	4.7	6.4	11.8	13.5	19.2	16.0	8.8	9.5	3.7	1.7	100
平均相对变率/%	54.2	74.9	51.7	46.6	27.6	23.0	27.9	33.8	66.0	51.7	61.9	56.2	11.2
极大值*/mm	88.7	123.8	135.6	217.3	275.3	458.2	1031.9	503.1	400.8	293.9	148.9	71.2	1827.6
极小值*/mm	0.0	0.0	12.0	11.4	19.7	19.7	12.9	10.2	0.0	0.2	0.9	0.0	642.2

注：* 为引用宜昌城区 1883—2005 年资料。

(3)各级别降水日数

各级别降水日数可以看出，≥0.1 mm 雨日年分布与降水量年分布大体相同，平均年雨日为 138 d，占全年总天数的 38%。7 月最多，达 16.7 d，12 月最少，为 6.7 d。降水量≥10.0 mm 日数年平均为 35.1 d，降水量≥25.0 mm 日天数年平均为 12.5 d，≥50.0 mm 暴雨日数年平均为 3.8 d，主要出现在 6—8 月(表 3.10)。

表 3.10　三峡坝区历年各月各级别平均降水日数和降水时数

项目	1 月	2 月	3 月	4 月	5 月	6 月	7 月	8 月	9 月	10 月	11 月	12 月	全年
≥0.1 mm 日数/d	8.4	8.0	12.0	12.6	13.2	14.3	16.7	14.8	10.9	12.7	8.4	6.7	138.4
≥10.0 mm 日数/d	0.4	0.9	1.4	2.0	4.6	5.0	6.9	5.9	3.0	3.6	1.1	0.3	35.1
≥25.0 mm 日数/d	0.0	0.1	0.2	0.5	1.8	1.6	2.9	2.7	1.2	1.3	0.2	0.0	12.5
≥50.0 mm 日数/d	0.0	0.0	0.0	0.1	0.3	0.6	1.3	0.8	0.3	0.3	0.1	0.0	3.8
降水时数/h	—	—	—	68.9	88.1	98.1	93.1	88.0	74.0	107.5	54.5	—	—

(4)相对湿度的年、月、日变化

根据乐天溪气象站 1992—2005 年的观测资料分析，三峡坝区年平均相对湿度为 76%，最高的 1993 年年平均相对湿度为 81%，最低的 1999 年年平均相对湿度为 73%，多数年份在平均值上下波动，呈正态分布。造成相对湿度年际差异的主要原因与年降水量和年≥1.0 mm 降水日数有关。计算表明，年平均相对湿度与≥1.0 mm 降水日数呈正相关。

虽然三峡坝区相对湿度的月际变化不大，相对变率为5%，但仍然表现出较明显的季节特征。12月至次年2月受北方强大的干冷气团控制，空气相对干燥，历年月平均相对湿度为70%～75%；7月常处于西太平洋副热带高压边缘，受南方暖湿气流的影响，高温高湿，相对湿度为82%。历年各月平均降水量、气温和相对湿度分布表明三要素均呈单峰型，说明三峡坝区具有雨热同季、温湿同步的季风气候特征。

相对湿度的日变化比年际、月际变化大得多，并且随天气影响系统、天空状况、风的三维流场的不同而有相当大的差异。一般而言，相对湿度的日变化主要取决于温度的变化，并且有一个显著的特征，即一天之中相对湿度的极大(或极小)值出现的时间，正好与气温极值出现的时间相同，二者之间的变化幅度相同，其变化的趋势正好相反。

三峡坝区相对湿度日变化的特殊情况：

全天降水型：1996年6月19日，坝区全天有降水，空气接近饱和，稳定在97%左右。当日的情况代表了较常见的阴雨潮湿天气类型。

强冷空气过境型：1996年1月8日，24 h变压达17 hPa，过程降温7.6 ℃，冷空气过境时伴有5级偏北风，24 h露点温度变量达−18.8 ℃。相对湿度连续下降，最小值为19%。当日的个例代表了强冷空气过境时的降湿天气类型。

冷高压控制型：1996年2月19日，冷高压控制华中地区，前期过程降温15.9 ℃，露点温度在−10 ℃左右，全天相对湿度小于50%，代表了冷高压控制下的低温低湿天气类型。

高空气流下沉型：2000年4月10日，有干冷空气过境，当日坝区有北方风沙经高空传播至本地下沉后形成的浮尘现象，400～850 hPa各层均处于槽后下沉气流控制，相对湿度由02时的76%下降至08时的25%。该个例代表了北方干冷空气经高空传播至测站附近然后下沉所形成的干燥天气类型。

局地焚风型：1994年5月4日无天气影响系统过境，当日13—17时有5～8 m/s的偏西风，露点温度由前一日14时的14 ℃降至2 ℃，相对湿度降至22%。该个例代表了空气沿山坡绝热下沉的局地焚风天气类型。

3.1.2.4 三峡坝区的地面风特征

以坛子岭的风观测资料为代表，并参照乐天溪等坝区气象站的观测资料，对三峡坝区地面风进行联合分析。

(1)风向风速的日变化

观测表明，三峡坝区的风速常表现出一定规律的日变化，日落以后风速逐渐减小，日出以前风速达到最小，日出以后风速逐渐加大，傍晚前后达到最大。风速日变化分布曲线与气温变化分布曲线呈正相位变化，并且随气温日较差的增加而加大，风速最小值与最低气温出现时间基本相同，风速最大值比最高气温出现时间滞后2～3 h，风速的日变化与乱流强弱有关，白天地面热力不均匀性加剧，乱流加强，地面风速增大；夜间的情况则正好与白天相反。

图3.1给出了三峡坝址处02时、08时、14时、20时风向玫瑰图。由此可以看出：02时盛行NNW风，NW—N方向45°方位内的风向频率占75%；08时北风分量减弱，东风分量加强，西风分量和东风分量大致相等，分别占48%和52%，主导风向为NW，相应频率为16%；14时南风占绝对优势，南风分量占76%，北风分量占24%，主导风向为南风，相应频率为

15%；20 时盛行偏东风，东风分量占 82%，西风分量占 18%，主导风向为偏东风，ENE—ESE 方向 45°方位内的风向频率达 45%。02—20 时的主导风向依次为 NNW—NW—S—ENE，风向随时间呈逆时针方向旋转。正午和深夜的风向带有明显的水体—陆地变化特征，正午时风由江面吹向山坡，深夜时风由山坡吹向江面，这是因为江面和陆地间的热属性差异所造成的。早晚间主导风向变化带有明显的山谷风特征，早晨吹偏西风（出山风），晚上吹偏东风（进山风），该特征可以解释为西临巫山山脉、东临江汉平原，东西向河谷地形的影响所致。

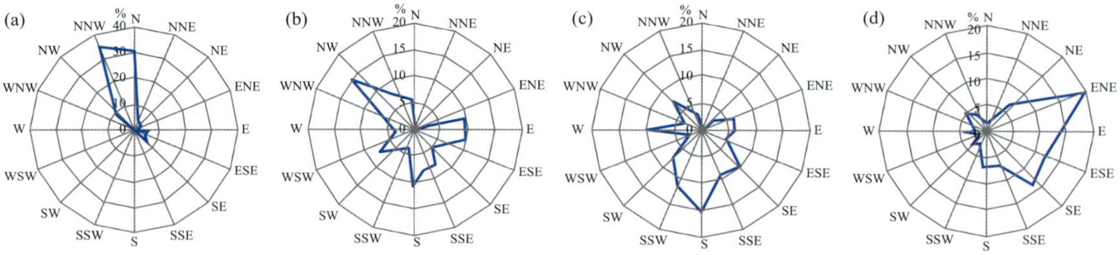

图 3.1　坛子岭气象站 02 时(a)、08 时(b)、14 时(c)、20 时(d)各风向频率
（统计中各风向频率不包括静风的次数）

（2）风向风速的年变化

三峡坝区 2 min 风速年平均为 2.0 m/s ，10 min 风速年平均为 1.2 m/s。分析坛子岭 2000 年逐月 10 min 平均风速可知，一年中 1 月风速较大，为 1.6 m/s，盛夏 7—8 月风速较小。4 月和 10 月各有一个高值，与气温日较差的峰值相对应。除大范围水平气压梯度差，强对流过程等非常定因素外，气温日较差大时相应风速也较大，气温日较差小时风速也较小。

图 3.2 给出了三峡坝址处 1 月和 7 月风向玫瑰图。坝址全年盛行偏东风，冬季东偏北，夏季东偏南。冬季风南下时表现为风向顺时针偏转为东北风，夏季海洋风北上时表现为风向逆时针偏转为东南风，主导风向仍表现出季风气候特征。且偏东风的平均风速也较大，这有利于坝区边界层大气向西扩散，而不利于向东扩散。

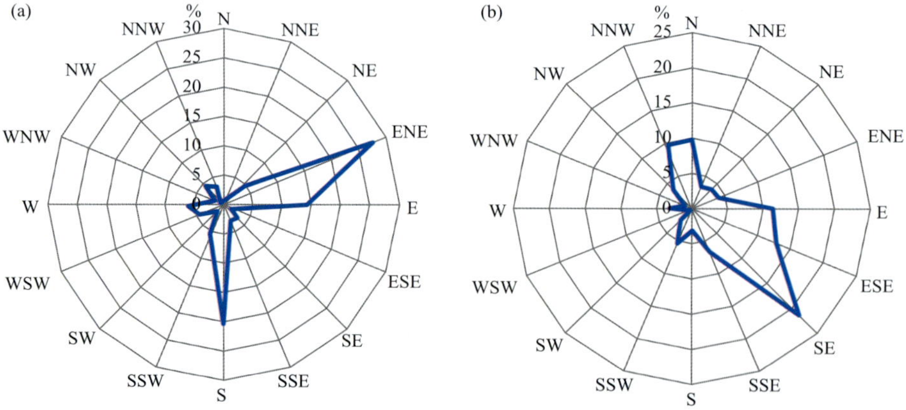

图 3.2　坛子岭 1 月(a)和 7 月(b)风向玫瑰图

综合分析坝区各站的风向风速观测记录表明：坝区各站中秭归多年平均风速比其他站小很多，仅 0.8 m/s，枫箱沟最大达 1.5 m/s。三峡坝区各站的平均风速小于宜昌站；三峡坝区冬、春季平均风速相对较大，夏、秋季平均风速较小；乐天溪站的风向风速受地形影响较大，气候代

表性较差；坛子岭以东或东南风为主，枫箱沟为东北风和偏南风，乐天溪盛行西北风和东南风，秭归站以南风或东南风为主。各测站间主导风向的差别是由于其地形和地理位置不同所造成的，三峡坝区各测站的年主导风向与长江的流向相反，与主要溪流的流向相同，地处长江和主要溪流汇合处则二者均有影响。并且多数站点风向的季节变化不大；乐天溪站及其上游乐天溪河谷的地面风向与河谷一致。坝首的秭归茅坪没有明显的主导风向，夜间更甚。

3.1.2.5 三峡坝区的日照及辐射状况

三峡坝区夏至正午时太阳高度角为82°左右，昼长时间14 h左右，冬至正午太阳高度为35°30′左右，白昼时间为10 h左右。春分、秋分正午太阳高度角在59°左右。受地形和云雾影响，坝区处于全国太阳辐射低值区外缘，年辐射总量为100 kcal①/cm²左右。

三峡坝区历年平均日照时数为1387 h，受降水日数和云量的影响，年际波动较大，近10年最多年份可达1520 h，最少者不足1200 h。年平均日照百分率为31%，远低于同纬度的东部平原地区。

受山区地形影响，晴天时日出时间偏晚，日落时间偏早，日出至日落间的太阳可照时间相应减少。虽然减少的这部分日照因太阳高度角较低，对地面接收的太阳辐射量减少并不十分明显，但可能推迟地面逆温层的消散时间。

同时，三峡坝区处于梅雨雨带西侧和华西秋雨区东缘，长时间的阴雨天气使太阳高度角最高的夏至前后(6月)日照时间明显少于5月和7月。9—10月的日照时间少于东部平原地区。冬春季节西风带环流南北分支在云、贵、川及三峡库区汇合，南支气流带来的暖湿空气形成这一地区云量偏多，因此，12月—次年4月的日照百分率均低于31%，其中3月平均总云量达7.9成，居全年最大，造成3月日照百分率最低，只有24%(表3.11)。

表3.11 三峡坝区历年各月及全年日照时数、日照百分率和总云量

	1月	2月	3月	4月	5月	6月	7月	8月	9月	10月	11月	12月	全年
日照时数/h	70.6	79.2	90.2	118.3	144.7	120.6	149.2	163.0	127.4	110.7	109.1	94.0	1376.8
日照百分率/%	22	25	24	31	34	30	35	38	36	32	33	31	31
总云量/成	7.2	7.4	7.9	7.5	7.4	7.8	7.4	7.2	6.8	7.1	6.1	6.2	7.1

3.2 水电站坝区主要气象灾害

水电站坝区所处地形复杂，气候多变，暴雨、大风、雷电、大雾、高温、低温、雨雪冰冻等气象灾害频率高，危害大。一般而言，灾害性天气按其时间和空间尺度，可分为天气尺度的灾害和中、小尺度的灾害。天气尺度的灾害主要有影响范围广泛的寒潮、低温、高温等；中尺度天气系统所产生的灾害包括暴雨和强对流，它们因其突发和多发特征明显，危害重而受到广

---

① 1 kcal=4.18 kJ。

泛重视。以下对暴雨和强对流风暴灾害的气候特征进行分析。

3.2.1 暴雨

定义 24 h 降水量≥50 mm 为暴雨，连续 2 d 或 2 d 以上出现暴雨为连续暴雨。

3.2.1.1 暴雨日数

统计乐天溪 1992—2005 年 7 月、坛子岭 2000—2006 年 7 月、枫箱沟 2001—2006 年 7 月暴雨(图 3.3)。统计标准为：①3 站任意一站 20—20 时日降水量≥50 mm，②3 站任意一站 08—08 时日降水量≥50.0 mm，即统计为暴雨日。20 时—20 时的暴雨记为当日暴雨；08—08 时暴雨记为开始日的暴雨，两段有重叠的只统计为一次过程。按上述标准统计，三峡坝区 1992—2006 年 7 月共出现暴雨 65 次，平均每年出现暴雨 4.3 次。最多的 2002 年出现暴雨 8 次；最少的 1993 年只出现暴雨 1 次。

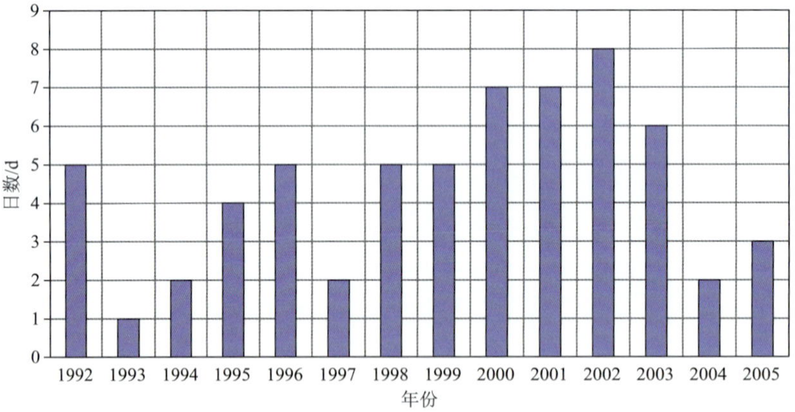

图 3.3 1992—2005 年三峡坝区暴雨日数的年际变化

三峡坝区暴雨最早出现在 2 月 21 日(2004 年)，最晚出现在 11 月 4 日(1996 年)；12 月—次年 1 月没有暴雨发生。5—10 月是暴雨的多发期。7—8 月是暴雨的高峰期，占全年暴雨次数的 54%。暴雨的年分布和温度的年分布同步，表现为明显的雨热同季特征(图 3.4)。

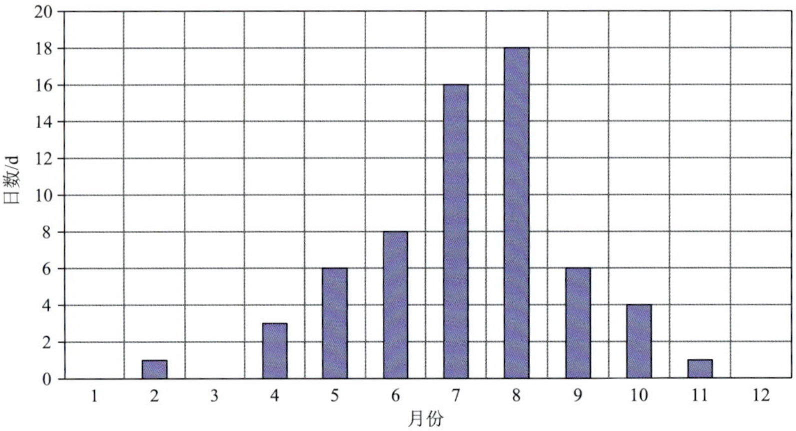

图 3.4 1992—2005 年三峡坝区暴雨日数的月际变化

3.2.1.2 暴雨雨团

灾害性暴雨常由 1 h 降水量≥10.0 mm 的雨团组成。暴雨雨团是最常见的一种重要降水,因其时间短、雨势强而更具影响。统计三峡坝区 1992—2001 年共 10 a 逐小时降水观测资料,4—9 月共出现 132 个雨团,集中在 7—8 月,占总数的 66.7%(表 3.12)。

表 3.12 三峡坝区 1992—2001 年雨团月际分布

	4 月	5 月	6 月	7 月	8 月	9 月	合计
雨团频次/次	5	12	14	49	39	13	132
频次占比/%	3.8	9.1	10.6	37.1	29.5	9.8	—

雨团的发生具有一定的日变化特征。对所有的雨团出现时间进行统计,可以发现,14—22 时是暴雨雨团多发时段,尤其是 18—19 时盛发,这与午后到傍晚多雷雨的特征一致。持续 1 h 的雨团占绝对多数,持续 2 h 的雨团显著减少,而持续 3 h 的雨团只有 2 次,10 a 中未出现超过 3 h 的雨团。说明三峡坝区强降水的局地性、短时性气候特征十分显著(图 3.5)。

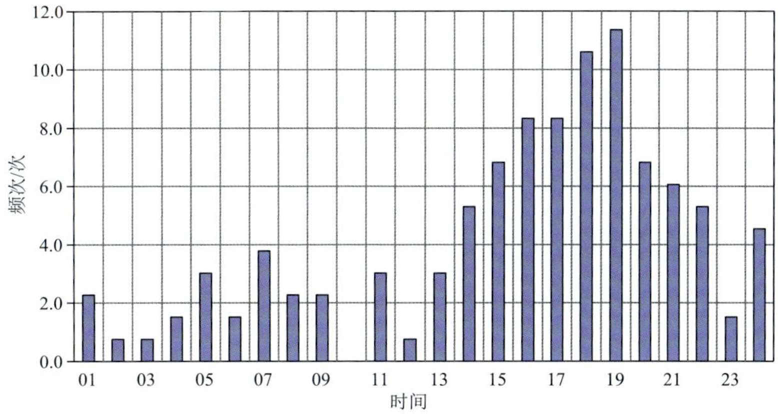

图 3.5 三峡和葛洲坝坝区雨团的日变化

3.2.1.3 暴雨极值

由于坝区观测资料年代较短,不足以反映小概率的暴雨极值,为了真实地表现本地暴雨极值,表 3.13 引用了三峡近坝区水文气象长期观测和暴雨分析资料,根据宜昌市气象台 1954—2006 年资料分析,10 min 最大雨量为 31.0 mm,1 h 最大为 101.6 mm,均出现在 1960 年 7 月 7 日。近坝区 1 d、3 d、7 d 最大暴雨极值详见表 3.13。

表 3.13 三峡近坝区 1 d、3 d、7 d 暴雨极值

单位:mm

测站	1 d(08—08 时)最大	24 h 最大	3 d 最大	7 d 最大	极值出现时间(年-月)
都镇湾	630.4	630.4	697.9	—	1975-8
兴山	343.0	391.0	798.5	1099.0	1935-7
宜昌	385.5	443.3	706.5	963.4	1935-7
五峰	422.9	465.2	1076.1	1318.0	1935-7

3.2.1.4 暴雨天气的影响系统

暴雨主要发生在6—8月，与700 hPa天气系统关系最为密切。普查1982—1994年6—8月发生的61次暴雨过程08时700 hPa天气系统，结果表明，三峡坝区暴雨的天气形势以冷切变最多，达61%。另外分别是暖切变占10%，西南涡类占13%，台风倒槽或东风波占8%，其他气旋性曲率系统占8%（如两高压之间系统），见表3.14。

表3.14 三峡坝区6—8月700 hPa暴雨影响系统

	天气类型				
	冷切变	暖切变	西南涡	台风槽或东风波	其他气旋系统
暴雨次数/次	37	6	8	5	5
所占百分比/%	61	10	13	8	8

3.2.2 强风暴

3.2.2.1 概述

根据坝区1992—2003年的观测资料统计，12 a共发生风暴灾害54次，平均每年4.6次，最多的2001年坝区发生了13次风暴。三峡工程其建设阶段多次发生强风暴。例如2001年7月2日坝区实测极大风速28.8 m/s（相当于11级）；2001年7月23日实测极大风速达25.4 m/s（相当于10级），并伴有暴雨和强雷暴；2002年4月15日，右岸实测极大风速27.3 m/s（相当于10级），左岸坛子岭气象站在风暴中房顶被揭，记录中断，估计极大风速大于30 m/s。

在目前技术条件下要提前12 h以上作出包括强风暴的发生时间、强度等级和落区等内容详细的预报是不现实的。而卫星、雷达等遥感、遥测、信息传输和处理技术的迅速发展和广泛运用，使2 h以内的强风暴等影响重大的灾害性预报成为可能。

3.2.2.2 三峡和葛洲坝坝区风暴的标准和分类

通常把风速大于17 m/s的风称为大风，实际上应该根据施工特点制定各自的大风标准用于防风。为了满足工程设计、交通能源等部门的需要，气象观测时要测定10 min平均风速、2 min平均风速、某时段内的最大平均风速和瞬间极大风速，设在t_0时刻时距为T的平均风速($\overline{v}$)为：

$$\overline{v} = \frac{1}{T}\int_{t_0-\frac{1}{2}T}^{t_0+\frac{1}{2}T} v\,\mathrm{d}t \tag{3.4}$$

由于风的阵性和脉动性，在某一给定时段内所测得的风速随时间的延长而减小，因此在同一时段内，下列不等式总是成立的：10 min平均风速≤2 min平均风速≤最大平均风速≤瞬间极大风速。根据三峡坝区观测资料统计，在同一时间段内，就平均情况而言，大体上有如下关系：

2 min平均风速≈10 min平均风速×1.3；

瞬间极大风速≈ 2 min最大平均风速×1.25≈10 min最大平均风速×1.6。

研究中以天气现象栏有大风记录，或者10 min最大平均风速大于10.0 m/s，或者瞬间极大风速大于 16.0 m/s,3 个条件符合一个或以上者则统计为大风。按其性质分为雷雨大风、寒潮大风、动量下传等类型。影响两坝区的大风以雷雨大风为主,因此,这里只研究雷雨大风。资料来自乐天溪气象站 1992 年 1 月—2006 年 8 月、坛子岭气象站 2000 年 1 月—2006 年 8 月和枫箱沟气象站 2001 年 1 月—2006 年 8 月的大风观测资料。

根据天气成因,可以把影响坝区的大风分为如下三种类型。

雷雨大风:多发生在夏季(5—9 月)的午后到夜间,其中以 6—8 月和 14—20 时的发生频率为最高,分别占 81%和 96%。雷雨大风常与强对流云系、雷暴、阵雨相联系。雷雨大风前高温闷热,平均最高气温为 36.1 ℃。当乌云密布、电闪雷鸣、大雨倾盆的时候,大风也就滚滚而至了,极少数情况下甚至会诱生龙卷,虽然雷雨大风持续时间一般不会超过 1 h,但 1 h 平均降雨强度可达 14.5 mm。10 min 最大平均风速可达 18.6 m/s,瞬间极大风速可达 28.8 m/s(11 级)或以上,造成的灾害程度严重。

高空动量下传:一般发生在冷空气过后,天气转晴天空无云,地面迅速升温,气温日较差≥12 ℃;400 hPa 以下各层均为一致的下沉气流;850 hPa 风速≥12 m/s 时,因地面乱流强盛,晴空中有时会产生强涡旋,高空动量下传,也可能造成局地大风天气。这种大风一般出现在中午前后,统计表明 10 min 最大平均风速为 16.2 m/s,瞬间极大风速为 19.2 m/s。因为突发性强,发生前没有明显征兆,动量下传形成大风后受地面摩擦风速迅速减小,不会有规律地向前传播,多普勒雷达在降水模式下不能探测到其风暴回波,预报难度大,更应该引起高度重视。

冷锋过境大风:受北方大规模的强冷空气南下影响,会产生大范围的大风天气。寒潮大风一般出现在冬半年。一旦发生持续时间较长,可达 6 h 左右。但三峡坝区受山脉的屏障作用,寒潮大风比同纬度的江汉平原小 2 级左右,风向呈顺时针偏转,10 min 最大平均风速小于 9.0 m/s,瞬间极大风速小于 14.0 m/s;春秋季节,强冷锋过境时,可能会出现大风,如 1995 年 5 月 9 日的情况。

根据发生频次的高低和危害程度的大小,研究中重点分析强对流风暴(雷雨大风)的气候规律和多普勒雷达回波特征。

3.2.2.3 强对流风暴的日变化

根据乐天溪气象站 1992 年 1 月—2006 年 8 月、坛子岭气象站 2000 年 1 月—2006 年 8 月和枫箱沟气象站 2001 年 1 月—2006 年 8 月的强对流风暴资料统计,分析其逐时发生频次的规律。以其对流风暴发生时间的观测资料做出图 3.6。结果表明,强对流风暴发生时间集中在 14 时到傍晚 20 时,占总次数的 95%,其中 16—17 时是显著多发时段,19—20 时是次多发时段。而后半夜 02 时到次日中午,很少发生强对流风暴。表明强对流风暴与局地热力变化显著相关,有明显的日变化特征。

3.2.2.4 强对流风暴的季节变化

三峡和葛洲坝地处风暴集中多发地区。应用近坝区若干气象站长序列气象资料统计,两坝区 3—8 月雷雨大风年均 4.0～7.5 次,比邻近的长阳、五峰等地明显偏多,构成显著的高值中心,可能与地处神农架南坡的大地形特征有关。位于兴山、宜昌县北部的冰雹、大风源地产生的对流云团常可影响三峡和葛洲坝坝区。

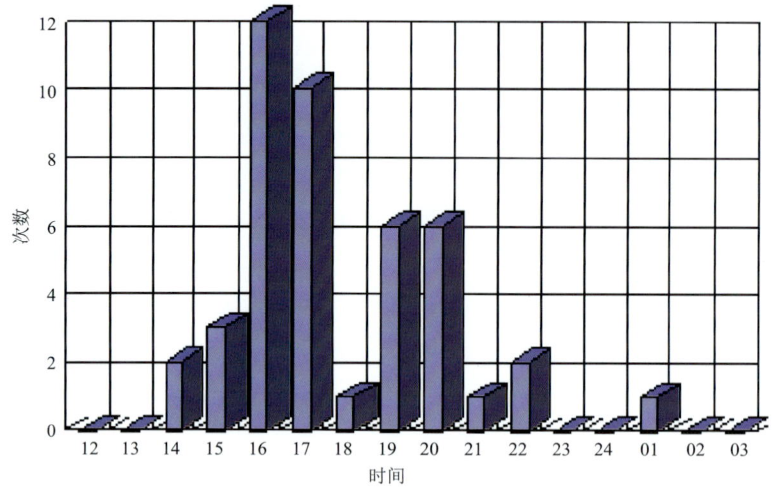

图 3.6 强对流风暴的日变化

图 3.7 给出三峡坝区 1992—2006 年对流风暴的月分布。其中 3 月热力条件较差，对流风暴较少发生。4—5 月随着气温增高，对流风暴逐渐增多。6 月进入雨季，以降水为主，对流风暴相对较少。7—8 月对流风暴明显增多，7 月达到全年最多。7 月后期至 8 月，梅雨结束，副热带高压或大陆高压控制本地，天气晴热高温，遇高空冷平流或地面冷空气影响，极易出现强对流风暴。9 月仍然有出现对流风暴的可能，10 月—次年 2 月不会出现对流风暴(图 3.7)。

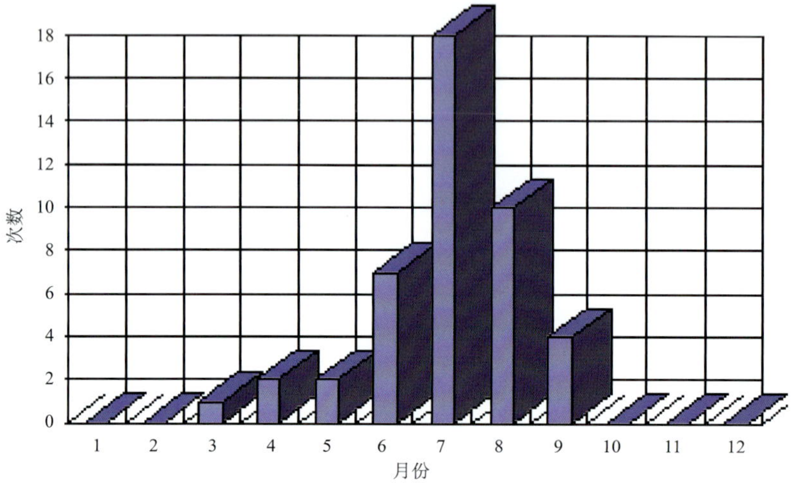

图 3.7 强对流风暴的年变化

3.2.2.5 强对流风暴的移动路径

西北路：在偏西气流的引导下，源于神农架南坡兴山的对流云团沿香溪河南下，然后转向沿长江东移；或源于巴东方向的对流风暴沿长江东移，影响三峡和葛洲坝坝区。该类风暴多属槽前型，有冷空气进入西南倒槽，移动速度快，风力和降水强度都较强(表 3.15)。

表 3.15　影响三峡和葛洲坝坝区的强风暴移动路径及其特征

风暴路径	西北路	西南路	东北路	东南路
天气类型	槽前	副高外围	槽后	东风波
移动速度	较快	缓慢	极快	快
回波类型	线形、弓状	块状	线形	螺旋状
降水强度	时间短、强度大	时间长、强度大	时间短、强度较弱	时间长、强度中等

西南路：引导气流为西南风，源于三峡坝区西南部的对流云系可向东北方向移动影响坝区。该类风暴多为副高外围，移动速度慢，环境风力较弱，持续时间较长，降水强度大，常可达暴雨量级。

东北路：对流层内为一致的偏北风，源于东北部或偏东的对流云系可快速影响三峡和葛洲坝坝区。该类风暴属槽后型，多为飑线天气类型，移动速度快，风暴风力极具摧毁性，持续时间短，降水强度差别很大，有时仅有强风而无降水，有时风雨交加，出现短时的疾风暴雨。

东南路：对流层中低层受副热带高压南侧的东风波或台风低压倒槽影响，强对流风暴从东南部移入坝区，受向东南开口地形的影响，风暴在三峡坝区有加强的趋势。但此类风暴个例较少，多以对流性降水为主，风暴的影响程度也较小。

3.2.2.6　三峡和葛洲坝坝区强对流风暴发生的天气形势

根据强对流风暴发生时或者发生前 12 h 的环流特征，归纳为如下四种类型。

(1)槽前型

强对流系统发生在 500 hPa 槽前西南气流中，当西风带低槽在东移过程中遇到副高的阻挡其移动速度减慢，槽后冷平流加强并扩展到槽前时，低层强烈增温或者有强的暖湿平流，从而在槽前建立位势不稳定层结。

对流层中层在槽前有≥12 m/s 的西南风，这种西南急流风速中心是一种中尺度扰动，对强对流系统的发生起到了触发作用。伴随西南急流的发展，有暖湿平流和湿舌向北伸展。在高空槽前地面图上有西南倒槽和暖低压配合。

中尺度强对流系统就发生在 500 hPa 低槽和 700 hPa 西南急流间，位于与 850 hPa 暖湿区相配合的地面倒槽中或者 850 hPa 切变线附近(图 3.8)。

此类风暴多发于 4—6 月，低层一般为西南倒槽形势，500 hPa 高空槽位于 110°E 以西地区，高空有急流活动，但春夏季的南风急流轴位置有明显差异，春季西南急流位于贵阳、芷江、长沙一线，夏季则位置明显北抬至重庆、宜昌、郑州一线，坝区处在急流出口的左前侧或入口区的右后侧。地面锋区位于秦岭附近，夏季锋区较弱或无明显锋区。此类过程较典型的共有 3 次：分别发生在 2002 年 4 月 15 日、2002 年 6 月 7 日和 9 日。

(2)槽后型

此类强对流系统出现在 500 hPa 高空槽后西北气流中，有 70%左右的槽后型强对流出现在华北冷涡的西南部。在西北气流中或者冷涡后部有短波槽(横切变)向东南转动，它们是中尺度对流的触发系统。

槽后型不稳定能量来源于两个方面：①500 hPa 低槽前倾，低层槽落后于 200～400 km，

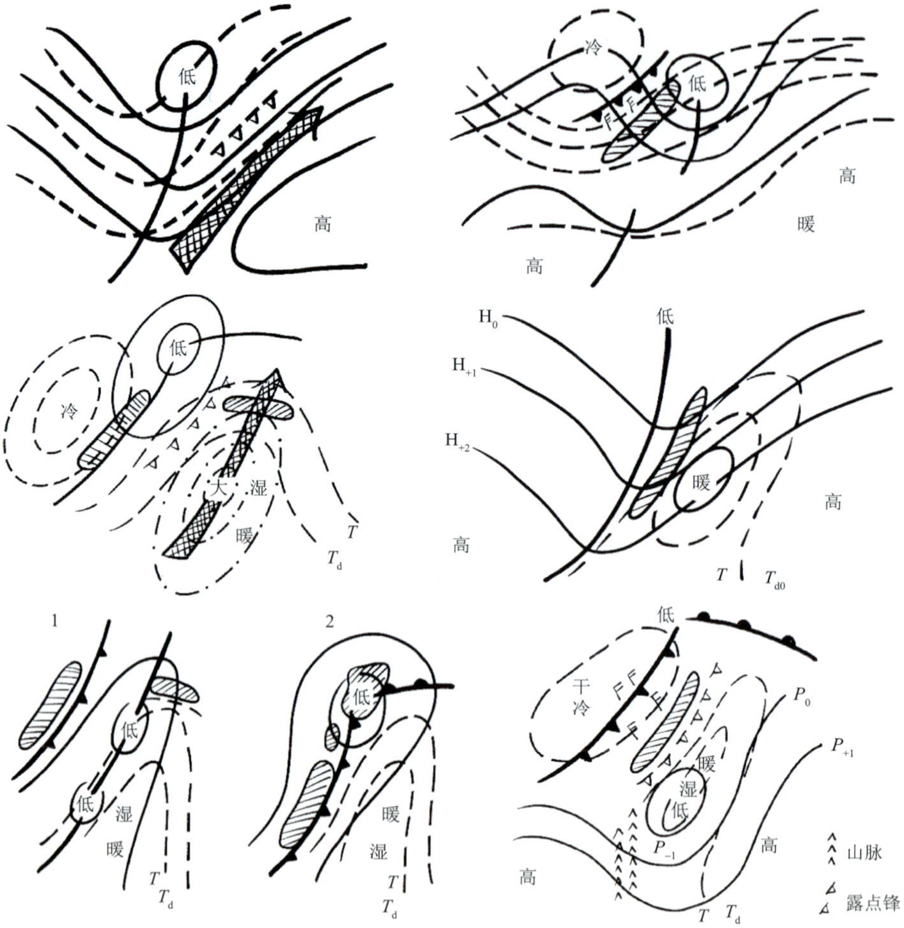

图 3.8　三峡和葛洲坝坝区强对流系统发生的天气形势，槽前型(左图)和槽后型(右图)。其中从上往下依次为：500 hPa 图；850 hPa 图，地面图。双箭矢为槽前强风速轴，虚线为湿度，图中的阴影区为强对流系统的发生区域

高层的干冷气流叠加在低层的暖湿气流上，前倾结构有利于位势不稳定能量的建立和维持；②500 hPa 高空及以上层有很强的冷平流，冷平流的厚度与对流有关，强风暴多发生在 500～300 hPa 都为冷平流的情况下，由于处于槽后晴空区，地面强烈增温，当高空强烈的冷平流叠加在低层暖湿气层上，形成明显的位势不稳定层结。特别是槽后西北气流中温度梯度很强的高空锋区，是强对流最容易发生的部位，因此槽后型强对流与较强的大气斜压性有密切关系。

此种天气形势为，在 500 hPa 天气图上，115°E、25°—40°N 有低槽，高空基本无西南急流或西南急流偏南，但有时有一条自西安、太原至宜昌、恩施的偏北走向的急流轴，坝区处在急流出口的左前侧。中低层 30°N 附近为低槽或切变；太原和恩施温度差较大。此种型式一般为冷锋南下后，地面天气转晴后急剧升温，而高空有较强的冷平流区域。午后北部地区先有中尺度系统生成(强度较强时是飑线)，并快速南下，影响本地。此类过程较典型的共有 4 次：分别是 2001 年 7 月 14 日、8 月 7 日、2002 年 6 月 5 日和 7 月 18 日。

(3)副高外围(高后)型

当西太平洋副高西伸加强在110°E以东稳定时，或者中纬度高压缓慢东移时，在高压西侧的偏南气流中，常常连续多日在傍晚前后出现强对流，但其对流的强度一天比一天弱，时间一天比一天晚。强对流系统一般沿偏南风向东北移动，新生的对流系统右向传播。在副高外围有深厚的湿层，强对流多发生在湿层的右侧(图3.9)。

在850 hPa上，高压西侧的西南气流中，有北抬的横向(东西向)切变；地面有暖倒槽。它们都是强对流的触发系统。

此类风暴多发生在盛夏，此时副高脊线位于30°N附近，西伸脊点位于110°—115°E范围内，副高外围的西南急流轴位于宜昌、蚌埠至济南或偏北一线，105°—115°E，30°—45°N区域内有低槽，冷平流位置位于35°—45°N。而西风带低槽东移，两者发生交汇，午后发生雷阵雨天气，如果副高稳定少动，此种天气一般连续发生3～5 d。副高东撤后此种过程才结束。如2001年7月21—26日期间，每天下午都有雷阵雨天气发生，其中有连续3 d的极大风速达8级以上，7月23日的极大风速达到11级。

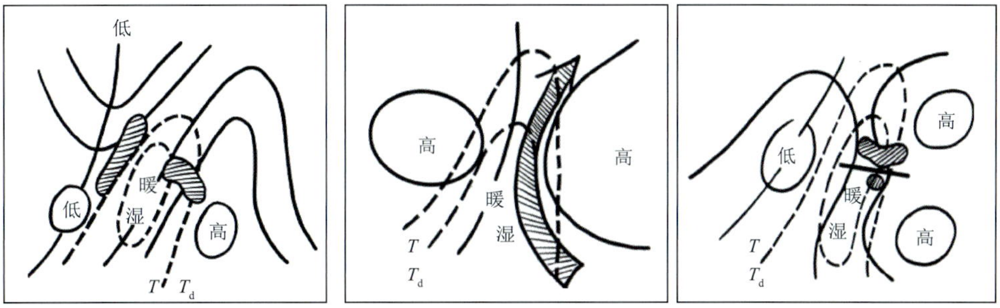

图3.9　三峡和葛洲坝坝区副高外围(高后)型强对流系统发生的天气形势。其中从左往右依次为：500 hPa高压后部和副高外围形势，双箭矢为副高外围的强风速轴，虚线为湿度；850 hPa形势图，常有东西向的横切变；地面图。图中的阴影区为强对流系统的发生区域

(4)台风倒槽型

当副高沿30°N以北西伸，其南部的登陆台风减弱为台风倒槽或者东风波西行，有时会影响三峡和葛洲坝坝区，造成强对流风暴。副高脊线位置一般在35°N附近，本地处在底部偏东气流中，或东南部有台风登陆，台风低压位于江西至湖南一带，本地为一致的偏东风或偏东南风。强风暴出现在台风倒槽槽线附近或者槽线后部，风暴从东南向西北移动，受三峡河谷地形或神农架南坡山前气流涌升效应的影响，也可能在三峡坝区单独形成强对流风暴(例如2002年8月6日)。

3.2.2.7　强对流风暴的天气尺度环流概念模式

影响三峡坝区强对流风暴的天气尺度环流模式可分为槽前、槽后、高后、台风倒槽共4种类型。由于台风倒槽影响相对较少，不进行进一步的分析。根据主要影响系统的不同，对28次大风过程进行归类分析，影响坝区的强对流过程可进一步简化分为偏南气流类和偏北气流类。偏南气流类包括槽前型和副高外围型；偏北气流类主要为槽后(高空冷涡)型。参考国外有关强风暴的研究成果，归纳出槽前(副高外围)和槽后(高空冷涡)两种天气模式。

(1)槽前(副高外围)型(图 3.10)

①在对流层高层 9～12 km 处,有一个稳定的冷槽,槽附近有一支极锋急流,急流轴风速达 40 m/s 以上,副高外围的南支急流也很强,槽前两支急流散开。槽前这两支急流间的区域正是强风暴的可能发生区。

②在对流层中层,有明显的干暖舌(盖),强对流发生前有可能产生逆温,干暖盖有利于低层不稳定能量的累聚;有时槽前系统性上升运动使逆温层干空气绝热上升冷却,湿层加厚,逆温层消失。

③在对流层低层,有一支偏南的低空急流,相应有一个湿舌。

④地面图上有锋面气旋,冷锋位于低空急流以西 100～200 km。有时没有锋面气旋,但有暖倒槽并有暖切变或冷锋进入倒槽。

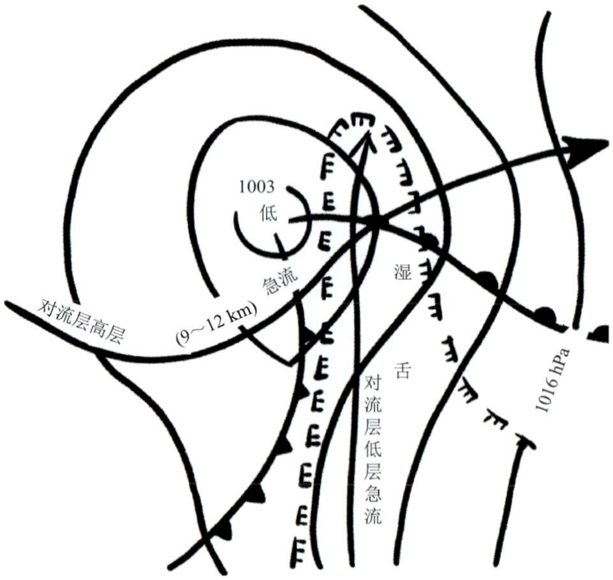

图 3.10　槽前(副高外围)型强对流风暴天气尺度环流概念模式示意图

天气形势这种三度空间配置,最有利于强风暴的发展。高、中、低 3 层存在 3 种不同类型的气团,温度直减率大,中低层水汽充沛的湿舌与中上层干舌相重叠,形成深厚的对流不稳定气层;上、下层都有急流,风向随高度顺转,具备维持强对流的垂直风切变条件;冷锋和高空槽是未来触发不稳定能量的启动系统。

(2)槽后(高空冷涡)型(图 3.11)

三峡地区的很多强对流风暴都与高空冷涡有关,这类风暴往往是在晴空下突然出现,风暴发生在冷涡南部 500～700 km 处。冷涡处于发展阶段时,槽前先有稳定性降水,转槽后时天气转晴,冷涡发展成熟后每日有正涡度平流进入时,低涡后部有对流云团快速南下,强风暴由北向南移动,风暴回波多呈线性排列,有几乎 50%的冷涡型强对流风暴是飑线造成的。

图 3.11 是高空冷涡深对流分布的概念模型。在冷涡东侧存在正环流,即暖空气上升,冷空气下沉;冷涡西侧存在逆环流,即上升气流伴随冷空气,下沉气流伴随暖空气。因此这

两个区域都容易产生强对流。统计三峡地区 2000 年以来的槽后型强对流风暴，高空冷涡多位于华北平原，坝区处于冷涡的西南部(JJ)，宜昌和太原间的温度差达 6 ℃以上，宜昌 500 hPa 24 h 变温达－3 ℃以下，地面 24 h 变温达 4 ℃以下。

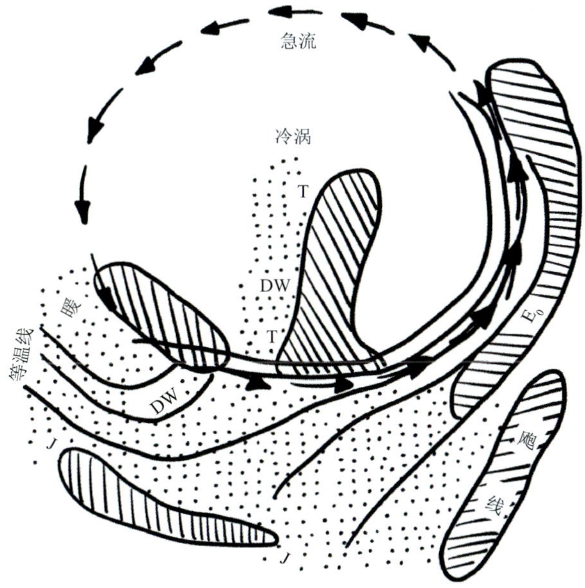

图 3.11　槽后(高空冷涡)型强对流风暴天气尺度环流概念模式示意图

在高空冷涡气旋性切变最大的槽线(TT)以东和西南象限的气旋性切变区，由于气旋性切变可达 10^{-4}/s 以上，又处于正环流和逆环流之间两支下沉气流在低层幅合的区域，虽然同处冷锋后部，也仍然会产生强对流风暴，甚至容易出现雹暴。

3.3　水电站建设期的主要气象服务

3.3.1　工程施工现场灾害天气预警服务

三峡工程建设期主要做大江截流施工期间的气象保障服务，包括工程现场已经出现或可能将出现影响工程施工安全的以下天气，提供灾害性天气预警服务：

(1)强降水：24 h 降水量≥50 mm，或 1 h 降水量≥20 mm；

(2)大风：极大风速≥10.8 m/s；

(3)冰雹：出现冰雹；

(4)雷暴：有强雷电活动；

(5)高温：日最高气温≥35 ℃；

(6)低温：日最低气温≤5 ℃；

(7)大雪:12 h 雪融雨量≥3 mm,或 24 h 雪融雨量≥5 mm;

(8)雾/霾:能见度≤500 m。

3.3.2 工程上游流域气象信息服务

在工程施工期间,上游流域已经出现或可能将出现下列情况,提供上游流域气象信息服务:

(1)上游来水接近工程当前施工期设计流量,提供上游流域面雨量或面雨量等级相关气象信息服务,面雨量计算方法、面雨量等级划分应符合《江河流域面雨量等级》(GB/T 20486—2006)的规定;

(2)上游出现凌汛,提供上游流域特定地点平均气温、最高气温、最低气温等相关气象信息服务。

3.3.3 工程施工保障气象服务

截流、导流、地基处理、土石坝、爆破、水闸、通航引水等各项工程涉及的大体积混凝土浇筑、机电设备安装施工期间,提供工程现场气象信息服务。

(1)混凝土浇筑保障气象服务。为防止出现混凝土裂缝,支持混凝土大体积、高强度连续施工及养护方案科学决策,提供以下不利天气气象信息服务:

降水:降水强度≥3.0 mm/h;

气温骤降:日平均气温 24 h 以内降低 5 ℃以上,或 48 h 以内降低 6 ℃以上,或 72 h 以内降低 8 ℃以上;

高温:日最高气温≥35 ℃;

低温:日最低气温≤5 ℃;

其他:按协定服务标准要求,提供风速偏大、相对湿度偏小等不利于均匀浇筑的天气气象信息服务。

(2)机电设备安装保障气象服务。为保证设备安装质量和金属焊接质量,支持机电设备安装、金属构件焊接以及安装方案科学决策,提供以下不利天气气象信息服务:

相对湿度:机电设备安装期间,相对湿度≥80%;金属构件焊接期间,相对湿度≥90%;

低温:日最低气温≤−10 ℃;

风速:极大风速≥8 m/s。

(3)其他。为支持日常施工的部署安排科学决策,提供以下天气气象信息服务:

降水:24 h 降水量≥1 mm,以及 24 h 降水量≥10 mm;

按服务需要和协定标准要求,提供相关气象信息服务。

3.3.4 重要气象信息服务

暴雨、大风、高温、寒潮等灾害性天气或连雨转晴、连晴转雨等转折性天气过程发生前,以重要气象信息专题或专报形式提供服务。

3.3.5 精细化预报服务

时间分辨率到 1 h、空间分辨率到 3 km、预报要素包括降水、风、气温、相对湿度、能见度、太阳辐射、云量、云水、云冰等的精细化天气预报。

3.3.6 实况监测信息服务

包括降水、气温、风向风速、气压、湿度等气象观测实况信息。

3.3.7 气象咨询服务

工程设计、施工、监理等过程中的咨询与服务。

3.4 水电站运行期的主要气象服务

3.4.1 工程运行期主要灾害天气预警服务

三峡工程运行期，三峡和葛洲坝区域灾害性天气分为暴雨、大风、雷电、暴雪、高温、寒潮、雷雨大风、低温雨雪冰冻、剧烈变温九种，坝区已经出现或可能将出现影响工程施工安全的以下天气，提供灾害性天气预警服务：

(1)强降雨：24 h 降水量≥50 mm 或 1 h 降水量≥20 mm；

(2)大风：极大风速≥10.8 m/s；

(3)雷电：有强雷电活动；

(4)冰雹：出现冰雹；

(5)大雾：能见度≤1000 m；

(6)高温：日最高气温≥35 ℃；

(7)低温：日最高气温≤5 ℃；

(8)雨雪冰冻：低温、雨、雪、冰冻等天气现象并发引起其他自然灾害。

3.4.2 主要气象灾害中短期预报服务

(1)短期降水预报(4 月 1 日—11 月 15 日)

提供时间：每天上午。

服务内容：长江流域、长江上游流域各分区、金沙江流域各分区 12 h(08—20 时)、24 h(08—08 时)、48 h(08—08 时)、72 h(08—08 时)面雨量预报。年内其他时间预报区域内可能有较强降水发生时应及时提供相同预报。

(2)中期降水预报(4 月 1 日—11 月 15 日)

提供时间：每天上午。

服务内容：长江流域未来 10 d 逐日定量降水预报。

10 d 以内的短中期时段，主要是人工订正数值天气预报模式。当前主流的业务预报模式是 ECMWF（欧洲中期天气预报中心）的全球模式、NCEP（美国国家环境预报中心）的 Eta 模式，以及德国、日本的全球和区域业务模式，中国自行研发的 NWP 模式则以 CMA 为代表。业务中主要采取多模式优先集成方法，包括基于多中心确定性模式降水相似分析的多模式集成法、基于确定性全球模式物理量统计建模的逻辑回归法、基于确定性全球模式的频率匹配订正算法、基于集合模式的最优百分位法、基于确定性全球模式评分最优化的订正算法等方法。

3.4.3 主要气象灾害预报预警服务

3.4.3.1 预报服务

三峡坝区、葛洲坝坝区 12 h、未来 3 天和未来 1 周天气预报。

12 h 预报要素包括晴雨、降水、风向、风速、最高气温、最低气温；未来 3 天预报包括逐日晴雨、降水、风向、风速、最高气温、最低气温；一周预报包括未来 7 天逐日晴雨、最高气温、最低气温。

每天上午发布三峡坝区和葛洲坝坝区未来 3 天天气预报，下午发布三峡坝区和葛洲坝坝区未来 1 周天气预报。

3.4.3.2 预警服务

（1）预警信号和警报

为水库优化调度、发电正常外送、船闸安全通航等枢纽的安全生产，提供坝址暴雨、雷电、大风等强对流天气预警服务，提供高低温、雨雪冰冻以及大雾等高影响天气服务。暴雨、大风、雷电、暴雪、高温、寒潮等六种灾害性天气发布预警信号，雷雨大风、低温雨雪冰冻和剧烈变温等三种灾害性天气发布警报。

（2）预警信号等级划分

暴雨预警信号分四级，分别以蓝色、黄色、橙色、红色表示。

①暴雨蓝色预警信号：在 12 h 内降雨量将达 50 mm 以上；或者已达 50 mm 以上且降雨可能持续。

②暴雨黄色预警信号：在 6 h 内降雨量将达 50 mm 以上；或者已达 50 mm 以上且降雨可能持续。

③暴雨橙色预警信号：在 3 h 内降雨量将达 50 mm 以上；或者已达 50 mm 以上且降雨可能持续。

④暴雨红色预警信号：在 3 h 内降雨量将达 100 mm 以上；或者已达到 100 mm 以上且降雨可能持续。

大风预警信号分四级，分别以蓝色、黄色、橙色、红色表示。

①大风蓝色预警信号：24 h 内可能受大风影响，平均风力可达 6 级以上，或者阵风 7 级以上；或者已经受大风影响，平均风力为 6～7 级，或者阵风 7～8 级并可能持续。

②大风黄色预警信号：12 h 内可能受大风影响，平均风力可达 8 级以上，或者阵风 9 级

以上;或者已经受大风影响,平均风力为8～9级,或者阵风9～10级并可能持续。

③大风橙色预警信号:6 h内可能受大风影响,平均风力可达10级以上,或者阵风11级以上;或者已经受大风影响,平均风力为10～11级,或者阵风11～12级并可能持续。

④大风红色预警信号:6 h内可能受大风影响,平均风力可达12级以上,或者阵风13级以上;或者已经受大风影响,平均风力为12级以上,或者阵风13级以上并可能持续。

雷电预警信号分三级,分别以黄色、橙色、红色表示。

①雷电黄色预警信号:6 h内可能发生雷电活动,可能会造成雷电灾害事故。

②雷电橙色预警信号:2 h内发生雷电活动的可能性很大,或者已经受雷电活动影响,且可能持续,出现雷电灾害事故的可能性比较大。

③雷电红色预警信号:2 h内发生雷电活动的可能性非常大,或者已经有强烈的雷电活动发生,且可能持续,出现雷电灾害事故的可能性非常大。

暴雪预警信号分四级,分别以蓝色、黄色、橙色、红色表示。

①暴雪蓝色预警信号:12 h内降雪量将达4 mm以上,或者已达4 mm以上且降雪持续,可能对生产经营活动或者道路交通有影响。

②暴雪黄色预警信号:12 h内降雪量将达6 mm以上,或者已达6 mm以上且降雪持续,可能对生产经营活动或者道路交通有影响。

③暴雪橙色预警信号:6 h内降雪量将达10 mm以上,或者已达10 mm以上且降雪持续,可能或者已经对生产经营活动或者道路交通有较大影响。

④暴雪红色预警信号:6 h内降雪量将达15 mm以上,或者已达15 mm以上且降雪持续,可能或者已经对生产经营活动或者道路交通有较大影响。

高温预警信号分三级,分别以黄色、橙色、红色表示。

①高温黄色预警信号:连续3 d日最高气温将在35 ℃以上。

②高温橙色预警信号:24 h内最高气温将升至37 ℃以上。

③高温红色预警信号:24 h内最高气温将升至40 ℃以上。

寒潮预警信号分四级,分别以蓝色、黄色、橙色、红色表示。

①寒潮蓝色预警信号:48 h内最低气温将要下降8 ℃以上,最低气温小于或等于4 ℃,陆地平均风力可达5级以上;或者已经下降8 ℃以上,最低气温小于或等于4 ℃,平均风力达5级以上,并可能持续。

②寒潮黄色预警信号:24 h内最低气温将要下降10 ℃以上,最低气温小于或等于4℃,陆地平均风力可达6级以上;或者已经下降10 ℃以上,最低气温小于或等于4 ℃,平均风力达6级以上,并可能持续。

③寒潮橙色预警信号:24 h内最低气温将要下降12 ℃以上,最低气温小于或等于0 ℃,陆地平均风力可达6级以上;或者已经下降12 ℃以上,最低气温小于或等于0 ℃,平均风力达6级以上,并可能持续。

④寒潮红色预警信号:24 h内最低气温将要下降16 ℃以上,最低气温小于或等于0 ℃,陆地平均风力可达6级以上;或者已经下降16 ℃以上,最低气温小于或等于0 ℃,平均风力达6级以上,并可能持续。

(3)预警信号和警报的发布

通过手机短信、网站发布,重要单位电话通知。

定期备份预警和警报短信发布名单,对短信名单进行增加、删除等日常维护。

(4)灾害性天气预警质量考核

灾害性天气无漏报;警报发布提前时间≥0.5 h;空报率≤10%。

3.4.4 专题气象服务

根据防汛、蓄水或施工决策及其他需要,进行加密气象观测并提供三峡坝区专题天气预报服务。

遇重要节假日提供三峡坝区专题天气预报。

3.4.5 气象咨询和技术支持

接受各单位的气象信息和气象预报咨询。

第4章

水电站调度气象预报预测服务

准确的气象预报是防洪调度决策和发电计划编制的重要依据，是精准水文预报的前提，水文气象的关键核心问题是致洪降水预报，而目前提高面向洪水的气象预报能力有两大方向：一个方向从物理机理入手，构建不同洪水类型下的天气学模型，从天气角度进行洪水类型判别；一个方向即为依托探测手段、数值模式和信息技术的进步，发展高精度无缝隙的定量降水预报，从提高水文模型的降水输入量精度角度进行水文气象耦合预报。长江流域气象中心围绕三峡梯级水库这一世界最大规模电站水库群防洪兴利和调度决策中的气象关键问题，构建了流域旱涝趋势预测技术，创建了电站水库群大流域分类洪水天气模型，研发了多源融合流域无缝隙高精度网格降水预报技术，开展了基于水文模型和气象网格预报的水文气象耦合预报，有效提高了水文气象预报精度、延长了预见期，提升了雨洪资源利用率。

4.1 流域旱涝趋势预测

4.1.1 月/季节预测方法

利用物理统计和动力模式降尺度法，在不同起报时段对长江流域月尺度的气候趋势开展预测。

4.1.1.1 物理统计方法

物理统计方法主要采用最优子集法和前期气候特征相似组合法。

(1)最优子集法

相关的研究表明在月时间尺度气候预测中，利用最优子集回归具有相对于其他预测方法不能比拟的预测效果。利用前期 1～3 个月的 74 项环流特征指数，与预报对象(降水量)建立所有可能的回归，采用双评分准则，从中确定出一个效果最优的子集回归，从而得到未来的月气候趋势预测结果。

最优子集法概述从自变量所有可能的子集回归中以某种准则确定出一个效果最优回归方法，假设有 m 个自变量，每个自变量有在方程内或不在方程内两种状态存在，因此所有可能的变量子集有 $2m$ 个，除去方程一个变量不含的空集外，实际有 $2m-1$ 个变量子集，$m=10$ 时，则有 $2^{10}-1=1023$ 个变量子集。

最优子集采用双评分准则：以 CSC 达最大为标准

$$\mathrm{CSC}_k = S_1 + S_2 = nR^2 + 2I$$

式中，S_1 代表预报误差与气候概率的比值，S_2 代表趋势预报正确。

$$S_1 = nR^2 = n\left(1 - \frac{Q_k}{Q_x}\right)$$

$$S_2 = 2I = 2\left[\sum_{i=1}^{I}\sum_{j=1}^{I} n_{ij}\ln n_{ij} + n\ln n - \left(\sum_{i=1}^{I} n_i \ln n_i + \sum_{j=1}^{I} n_j \ln n_j\right)\right]$$

（2）气候特征相似合成法

该方法为物理统计方法，主要借鉴大气运动的混沌相似理论，即前期与历史的特征一致，后期的趋势在一定时间范围内与历史上后期运行的规律具有一致的特性。主要通过长江流域前期异常的气候特征，以欧氏距离等方式作为判定依据，寻找历史上最为相似的年份，做相似年份的组合分析，预估下一个自然月降水量的演变趋势，同时给出通过显著性检验的区域。

欧氏距离方法表示如下

$$A_I = \left(\frac{\sum_{i=1}^{m} w_i (\phi'_{ij} - \phi'_{ik})^2}{\sum_{i=1}^{m} w_i} \right)^{1/2}$$

式中，ϕ'_{ij} 和 ϕ'_{ik} 分别代表 j 和 k 两个时刻的场，w_i 为权重。欧氏距离 A_I 越小则说明两场越相似。

4.1.1.2 动力模式降尺度方法

动力降尺度是基于动力气候模式的输出信息，从提取模式最优信息的角度进行降尺度预测方法的应用，从而提高月尺度的气候预测准确率。该方法将分辨率较低的全球大气环流模式或者海气耦合模式嵌套高分辨率的区域气候模式，利用全球模式为区域气候模式提供初边值条件，获取描述局地气候特征的高分辨预测信息。其一大优点就是它可以用于全球不同的区域且均具有一定的预测技巧。

（1）EOF 分析迭代法

该方法是一种场对场的预测方法，该方法能将随时间变化的要素场分解为空间函数场（主分量）和时间函数，空间函数场能反映不同样本之间自然协调的多重关系，时间函数能反映年代际和年际变化。通过 EOF 分析，不需要了解各样本之间复杂的关系，通过不断循环迭代，可以导出所需要站点的预报信息，最终得到包涵了复杂关系在内的预报。

（2）BP 典型相关法

该方法利用 EOF 和典型相关相结合，是一种场对场的统计降尺度方法。在该方法中使用 EOF 分析方法，对原始资料场进行截断处理，保留了方差贡献较大的 k 个主分量信息作典型相关分析，由于前 k 个主分量保留了原始资料场大尺度空间分布的主要信息，滤去了小尺度空间扰动的作用，能够充分反映原始资料场变化的主要特征，因此，可以对预报因子场和预报对象场之间的相关性进行分析，并建立预测模式，对预测对象场的变化趋势进行讨论。而典型相关分析是研究两组变量整体关系的统计方法，它可从两组变量的相关关系中提取主要信息，达到简化分析的目的，最终利用 EOF 和典型相关的结合实现模式产品的降尺度预测结果。

（3）奇异值分解（SVD）预测方法

用国家气候中心海气耦合模式输出同期 500 hPa 平均高度场为左场，月/季节长江流域雨量场为右场，进行 SVD 分析。寻找和提取预测长江流域降水量场的主要信号。用最优化技术综合集成主要预测信号，预测各关键期长江流域雨量场。

（4）人工神经网络预测方法

利用国家气候中心海气耦合模式输出同期 500 hPa 平均高度场和长江流域月/季节雨

量场，分别选用两场主分量作为人工神经网络的输入和输出，用全局寻优的遗传算法取代经典 BP 算法，针对实际设计代价函数。最后将网络输出反演为各关键期长江流域雨量场。

4.1.1.3 相空间重构自回归时序方法

混沌时序相空间重构首先需要确定研究对象是来自线性系统还是非线性系统，如果是线性系统，可将时间序列分解成不同幅度的正弦波的叠加，从而可采取传统的线性方法或者 Fourier 变换等方法处理。而检验研究时间序列的非线性主要有两类方法，即替代数据法和信息论泛函法两大类方法。替代数据法主要是针对原始数据产生一组或多组替代数据，但获得的替代数据需要保持原始数据的重要线性性质，如线性自相关函数、功率谱指数，然后通过比较原始数据和替代数据的非线性特征量如关联维、Lyapunov 指数、非线性预测误差等来检验原始数据的非线性性；信息论泛函法则是基于信息理论的，利用冗余和线性冗余概念达到检验时序的非线性，但其对空间的划分要求较高，实际操作时难度相对较大。

（1）构造空间重构数值 $\boldsymbol{X}$

$$\boldsymbol{X}=\begin{bmatrix} x(1) & 0 & \cdots & 0 \\ x(2) & x(1) & \ddots & \vdots \\ \vdots & x(2) & \ddots & 0 \\ x(m) & \vdots & \ddots & x(1) \\ 0 & x(m) & \ddots & x(2) \\ \vdots & \ddots & \ddots & \vdots \\ 0 & \cdots & 0 & x(m) \end{bmatrix}$$

（2）设 $\boldsymbol{a}$ 为回归系数

$$\boldsymbol{a}=\begin{bmatrix} 1 \\ a(2) \\ \vdots \\ a(p+1) \end{bmatrix},\quad \boldsymbol{b}=\begin{bmatrix} 1 \\ 0 \\ \vdots \\ 0 \end{bmatrix}$$

（3）令 $\boldsymbol{X}^H\boldsymbol{X}\boldsymbol{a}=\boldsymbol{X}^H\boldsymbol{b}$，得到方程

$$\begin{bmatrix} r(1) & r(2) & \cdots & r(p) \\ r(2) & r(1) & \ddots & \vdots \\ \vdots & \ddots & \ddots & r(2) \\ r(p) & \cdots & r(2) & r(1) \end{bmatrix}\begin{bmatrix} a(2) \\ a(3) \\ \vdots \\ a(p+1) \end{bmatrix}=\begin{bmatrix} -r(2) \\ -r(3) \\ \vdots \\ -r(p+1) \end{bmatrix}$$

（4）其中 r 的计算公式为

$$r(k)=\frac{1}{n}\sum_{n}x(n)x(n-k)$$

（5）求取回归系数 $\boldsymbol{a}$，具体算法见 Levinson-Durbin 算法。建立回归方程，进行预报

$$x_{m+1}=\begin{bmatrix} r(1) & r(2) & \cdots & r(p) \end{bmatrix}\begin{bmatrix} a(2) \\ a(3) \\ \vdots \\ a(p+1) \end{bmatrix}$$

4.1.1.4 集合预测方法

集合预报产品是利用算术平均、权重集成和区域最优等方法对多种预报产品作处理，最终将根据上述集成方法中回报最优的方法提供预报结论。

（1）算术平均集合法

如有 N 种预报方法，按照其可靠性不同，对每一种预报方法配置同样的权重，取其平均值，从而得到预报的结果

$$p = \sum_{i=1}^{n} y_i$$

式中，p 为集合预报结果，y_i 为原来各自预报方法的预报结果。

（2）权重集成

如有 N 种预报方法，按照其可靠性不同，对每一种预报方法配置一个权重，好的预报方法权重大些，差的预报方法权重小一些，从而得到预报的值

$$p = \sum_{i=1}^{n} W_i y_i$$

式中，p 为集合预报结果，y_i 为原来各自预报方法的预报结果，W_i 为第 i 种预报方法的权重系数，其系数的和为 1。

（3）区域最优集合

如有 N 种预报方法，按照其可靠性不同，对 N 种预报方法做比较，只取回报效果最好的一个预报，去掉其他的预报，从而得到预报的值

$$p = \mathrm{best}(y_i)$$

式中，p 为集合预报结果，y_i 为原来各自预报方法的预报结果。

4.1.2 延伸期预报方法

延伸期预报方法主要采用动力模式的本地化应用和前期大气低频信号相似的方式开展延伸期预报。

4.1.2.1 基于 CFSv2 气候系统模式产品的预报方法

美国气候系统模式第二版（Climate Forecast System Version2，CFSv2）是美国国家环境预报中心（NCEP）研发的第二代业务模式，该模式是季节气候模式，世界时每天的 00 时、06 时、12 时和 18 时运行 4 次，每次运行 4 个控制样本，可达 9 个月，可以提供多种类型的数据产品（图 4.1）。

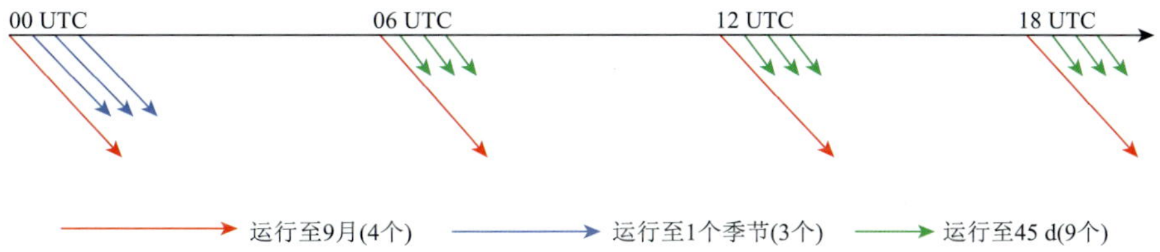

图 4.1 CFSv2 季节气候模式运行模型(每日 16 个样本示意图)

世界时00时有3样本运行至1个季节，在每个周期初始化运行。世界时06时、12时和18时，分别各有3个周期运行至45 d。每天总共有16个CFS起报运行，4个运行至9月，3个运行至1个季节，9个运行至45 d。

下载模式数据后，先将模式数据的Grib2码转换为NetCDF格式，再在此基础上作单个样本的插值处理。自动将地面要素的降水插值到指定站点，插值方法采用RBF插值法。利用算数平均计算预测结论、过程时间序列，并将每6 h的预测数据转换为每天的数据，具体见图4.1，每步步骤较为复杂，不同起报时间的时间序列不一致，需要作对齐处理，主要采用关系型数据库技术来处理。

4.1.2.2 基于MJO的延伸期预报方法

在20世纪70年代初，Madden等(1971，1972)首先发现季节内振荡存在于热带地区，并指出热带低频振荡(MJO)向东传播，周期为40～50 d，具有纬向1波的全球尺度特征。如图4.2所示，MJO以热带地区对流增强/减弱区的向东传播为主要特征。积云对流首先在东印度洋暖水面上形成，10～20 d后积云对流带和低压区域东移至印度尼西亚群岛和西—中太平洋。随着积云对流东移至东太平洋冷水面上空，对流减弱甚至消失。在一定时间之后，东印度洋的对流又重建并向东移动形成新的循环。与热带对流异常相伴随的，近赤道地区(15°N—15°S)纬向风、海平面气压、云量、降水等亦以30～60 d为主要周期从西向东传播。此外，尽管MJO具有全球尺度特征，但在印度及西太平洋季风区表现得更为明显。

使用的MJO指数来自澳大利亚气象局(http://www.bom.gov.au/bmrc/clfor/cfstaff/matw/maproom/RMM/)，资料长度为1974年至今的逐日资料，该指数更新滞后3 d。该指数是一个实时的多变量的MJO指数。它是将逐日15°S—15°N平均的OLR、850 hPa和200 hPa纬向风3个变量的前两个联合EOF主成分(PC)时间序列作为MJO指数，分别被称为RMM1和RMM2，由两个系数定义构成了MJO对流从印度洋向太平洋的向东传播：位相1表示MJO的对流中心位于西印度洋附近，2～3位相对流中心位于中东印度洋，4～5位相对流中心位于中南半岛附近，6～7位相对流中心位于西太平洋，第8位相对流中心位于太平洋的日界线附近(图4.3)。将$\sqrt{RMM1^2+RMM2^2}<1$定义为弱的MJO。

使用长江流域701站的逐日降水资料集，从中选取气候平均(30 a)资料。合成分析首先分不同月，然后利用MJO指数逐日资料分析其所属位相及强度，进而对降水距平进行阶段的合成，从而得到不同月份下MJO传播各阶段长江流域降水的异常分布形势。可以看出，MJO传播中不同阶段对长江流域降水的影响不同，MJO强度的强弱对长江流域降水的影响也不同。

4.1.2.3 基于L-J环流分型的延伸期预报方法

L-J分型方法是一种成熟的客观大气分型方法，其计算方法确定，计算结果稳定，已有不少学者将其应用在长江中游地区，并证明了其适用性，本研究将其应用于月动力延伸预测产品的模式回算资料之上，在此基础上对SLP场进行分解，以确定其与湖北省温度、降水的关系，并最终建立预报模型。

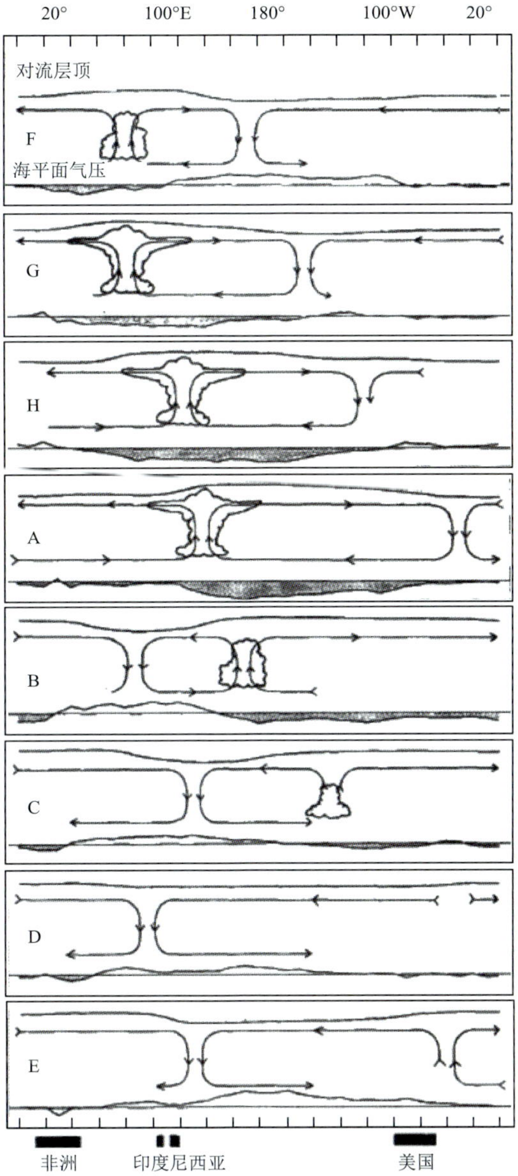

图 4.2 热带 MJO 活动示意图

大气环流的分型可以分为主观和客观分型两种方法，主观分型方法比较直观且容易理解，但是由于带有明显的主观性，不同的人分型结果也不尽相同，不具有可重复性。客观分型方法是以 EOF、PCA 等为代表的向量型分析方法，这类方法虽然具有可重复性，但是严重依赖于原始资料的长度，不同长度的资料得到的分型结果往往不尽相同。Jenkinson 等(1977)通过定义指数及分类标准将 Lamb 分类方法客观化，使其不仅具有明确的天气学意义，又具有较好的可重复性，被广泛应用于不同时间尺度的天气分型研究当中，朱艳峰等(2007)的研究分析也指出 Lamb-Jenkinson 大气环流分型方法在我国大部分地区是适用的。

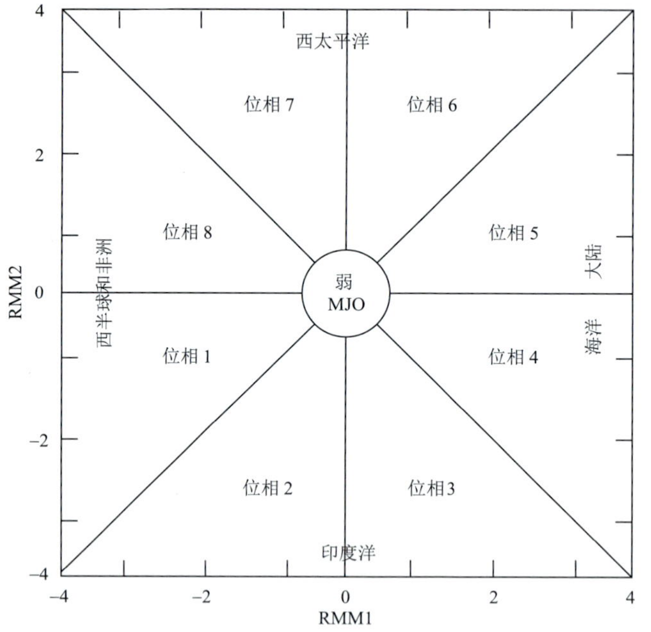

图 4.3 MJO 指数(RMM1 和 RMM2)定义的 MJO 空间位相

利用国家气候中心下发的月动力延伸期产品中 SLP 资料，该资料逐候滚动。采用的 Lamb-Jenkinson 大气环流分型方法是以距离湖北省武汉市最近的 115°E，30°N 为中心点，在 100°—130°E，20°—40°N 范围内选取 16 个点 $P(1) \sim P(16)$，具体分布见图 4.4。利用所选区域内的 16 个格点的海平面气压，通过中央差分的计算方案，得到以下 6 个环流指数：

$$u = 0.5[P(12) + P(13) - P(4) - P(5)]$$

$$v = \frac{1}{4\cos\alpha}[P(5) + 2P(9) + P(13) - P(4) - 2P(8) - P(12)]$$

$$V = \sqrt{u^2 + v^2}$$

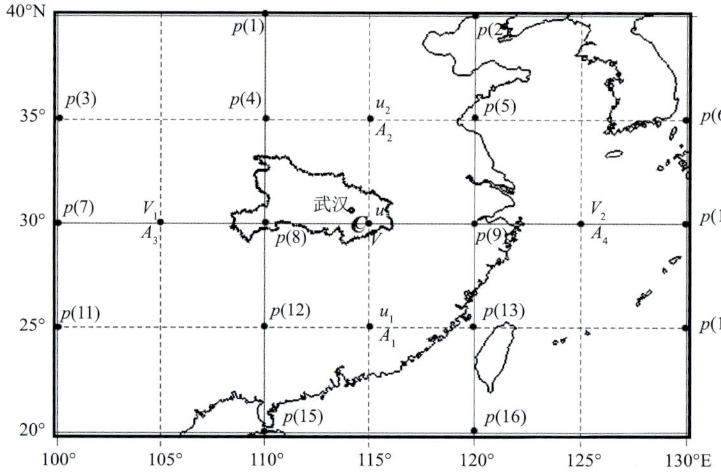

图 4.4 16 个差分格点的选取

$$\xi_u = \frac{\sin\alpha}{2\sin\alpha_1}[P(15)+P(16)-P(8)-P(9)] - \frac{\sin\alpha}{2\sin\alpha_2}[P(8)+P(9)-P(1)-P(2)]$$

$$\xi_v = \frac{1}{8\cos^2\alpha}[P(6)+2P(10)+P(14)-P(5)-2P(9)-P(13)+P(3)+2P(7)+P(11)-P(4)-2P(8)-P(12)]$$

$$\xi = \xi_u + \xi_v$$

式中：$P(n)(n=1,2,3,\cdots,16)$是第n个格点上的海平面气压值；α、α_1和α_2分别为C、A_1和A_2点的纬度值；V是地转风，u和v分别为地转风的纬向分量和经向分量，ξ是地转涡度，ξ_u是u的经向梯度，ξ_v是v的纬向梯度。以中心点所在纬度为参照系，6个环流指数的单位是hPa/(10°lon)，地转风的方向可由u、v确定，气旋及反气旋可由ξ确定。根据地转风速、风向及涡度值将环流共划分为27种类型，分型标准及相应类型见表4.1。

表4.1 Lamb-Jenkinson环流分型

$\lvert\xi\rvert \le V$(平直气流型)	$\lvert\xi\rvert \ge 2V$(旋转型)	$V<\lvert\xi\rvert<2V$(混合类)	$V<6$并且$\lvert\xi\rvert<6$
N:北;EN:东北;E:东;SE:东南;S:南;SW:西南;W:西;NW:西北	A:反气旋;C:气旋	CN;CNE;CE;CSE;CS;CSW CW;CNW;AN;ANE;AE;ASE;AS;ASW;AW;ANW	UD:无定义型

4.1.2.4 延伸期面雨量集合预报方法

采用CFSv2输出集合雨量产品，基于凸包(Convex Hull)算法的流域内离散点、格点的切割插值到指定的流域边界区(图4.5)，离散站点插值到上游流域的面雨量计算，再将长江上游十二大流域站点逐日降水观测资料通过反向距离加权平均法计算面雨量，分别利用插值法插值到指定区域。

图4.5 长江上游面雨量延伸期过程预报所采用的流域边界区

4.1.2.5 延伸期累计雨量预报方法

主要采用CFSv2输出集合雨量产品的累计输出，分布利用插值法插值到指定站点，作延伸期未来 11～30 d 的降水累加。

4.2 流域关键期致洪降水预报预测

长江流域降水丰沛，季风气候十分典型，洪涝灾害频发，特别是流域性大洪水给农业、城市等造成巨大的损失。进入 20 世纪以来，已先后出现 1931 年、1954 年、1998 年、2020 年 4 次流域性大洪水。近年来，长江流域极端强降水天气多发频发，2016—2021 年长江流域连续出现区域性、流域性大洪水。特别是 2020 年超长梅雨期以及盛夏期间，长江流域降水过程频繁、暴雨强度大、雨区重叠度高，造成长江上游出现 5 次编号洪水，对各级部门防汛抗洪、保障人民生命财产安全带来极大的挑战。为趋利避害，长江上游建有三峡、葛洲坝、向家坝、溪洛渡、乌东德、白鹤滩等多个水利水电工程，是世界上规模最大的梯级水库群（全球前十二大水电站 5 座在长江干流），承担防洪、发电、航运、生态等多重调度任务。

准确的气象预报是防洪调度决策和发电计划编制的重要依据，是精准水文预报的前提，关系着三峡—金沙江梯级水库群在防洪减灾和水资源优化利用的国之重器作用能否充分发挥。水文气象的关键核心问题是致洪降水预报，而目前提高面向洪水的气象预报能力有两大方向：一个方向从物理机理入手，构建不同洪水类型下的天气学模型，从天气角度进行洪水类型判别；一个方向即为依托探测手段、数值模式和信息技术的进步，发展高精度无缝隙的定量降水预报，从提高水文模型的降水输入量精度角度进行水文气象耦合预报。

历史上长江流域多次发生大洪水，特别是当长江上游洪水与中下游支流洪水遭遇时，往往形成灾害性的大洪水，其中尤以与洞庭湖洪水遭遇次数最多，灾害影响也最为显著。随着三峡工程的建成，发挥其防洪调节作用并合理利用洪水资源，实现上游洪水与中下游支流洪水错峰成为现实，特别是尽早制订调度计划来应对洪水及上下游洪水遭遇，化灾害为资源，可以更好地发挥三峡等水利工程的综合效益。近年来，国内外许多水文气象工作者对长江流域洪水过程开展了多项研究，如闫宝伟等（2013）、熊莹（2012）、匡燕鹅等（2019）从水文角度开展了长江上游干支流、长江与清江、长江与洞庭湖的洪水组成与遭遇分析，陈金荣等（1996）、张有芷（1986）、毕宝贵等（2004）、周允中等（1990）、陈菊英等（2001）从气象角度研究了洪水产生的天气背景，郭生练等（2010）、李安强等（2013）、胡挺等（2013）则从防洪角度出发提出了水库联合优化调度方法。但目前将洪水分析、天气分析和调度规程结合起来的研究较少，特别是在形成长江上游大洪水与造成上游、中下游遭遇洪水的天气特征有何区别，洪水调度上各关键期应重点关注哪类天气上，此类研究较为鲜见。

总体而言，国内有关长江流域洪水过程的研究主要集中在洪水组成与遭遇分析以及造成洪水的强降雨分布方面的分析，一是结合水利枢纽的调控规程来进行的相关研究较少；二是对于造成洪水的天气学分析研究较少，而且多为致洪降水单个个例分析，影响系统研究仅限于对长江流域高空槽、西南涡、低空急流等出现概率的研究。国外研究多为洪水与降水的关联模型建立，洪水等级与气候特征关系等，基于天气学角度分析洪水天气模型分类及预报的相关研究较少，未见用于实时预报的检验与评估。

长江中上游流域区域性、流域性大洪水的气象预报需要解决三个问题：①长江中上游流域洪水及遭遇是由什么样的降水造成的；②致洪降水的天气学物理机理；③洪水及洪水遭遇的天气预报技术。研究以上科学问题存在以下主要难点：一是洪水信息受2003年三峡水库蓄水影响，资料完整性不够；二是洪水传播叠加降水移动带来洪水遭遇的复杂性；三是洪水遭遇天气成因如何转化洪水分类预报。

4.2.1　长江中上游流域分类洪水天气模型

针对影响三峡梯级水库防洪调度的各关键期（消落期、汛期、蓄水期），总结长江上中游流域的洪水时空特征及雨洪关系，分析长江上中游流域洪水遭遇天气机理。基于1981年以来的洪水案例，分析其天气动力、水汽输送、大气稳定度等条件，综合洪水过程流量增幅、洪峰类型、水位演变等信息，分关键期或分季节分月研究各洪水等级雨水总量与洪量关系，找出洪水遭调发生发展天气学规律，归纳洪水遭遇天气模型。建立长江中上游有无致洪暴雨和有无上游、中游洪水遭遇的关键判据，凝练出三峡工程调度各关键期的洪水天气关注服务重点，形成分类洪水天气预报策略，为巨型水库群大流域分类洪水预报提供了气象方案。

4.2.2　致洪降水时空分布特征

长江上游、金沙江中小洪水标准定义：分长江上游、金沙江分别分析致洪降水特征，这里长江上游不含金沙江。其中长江上游流域中小洪水标准，定义宜昌站满足条件：

①流量增幅条件：$Q_{mi}-Q_{m(i-1)}\geqslant 5000\ \mathrm{m^3/s}$；

②流量峰值条件：$30000\leqslant Q_{mi}<55000\ \mathrm{m^3/s}$。

金沙江中小洪水标准，定义屏山站满足条件：

①流量增幅条件：$Q_{mi}-Q_{m(i-1)}\geqslant 2000\ \mathrm{m^3/s}$；

②流量峰值条件：$8500\leqslant Q_{mi}<8500\ \mathrm{m^3/s}$。

Q_{mi}为一次中小洪峰，相应的上游流域为一次中小洪水过程。

长江上游与洞庭湖遭遇洪水与长江上游大洪水定义：需要考虑上下游洪水，其中长江上游洪水标准，定义宜昌站需满足以下条件：

①流量增幅条件 $Q_{mi}-Q_{m(i-1)}\geqslant 5000\ \mathrm{m^3/s}$；

②流量峰值条件：消落期（5月1日—6月10日）$Q_{mi}\geqslant 20000\ \mathrm{m^3/s}$，汛期（6月10日—8月31日）$Q_{mi}\geqslant 45000\ \mathrm{m^3/s}$，蓄水期（9—11月）$Q_{mi}\geqslant 30000\ \mathrm{m^3/s}$。

而洞庭湖洪水标准，定义城陵矶站需满足以下条件：

①流量增幅条件：$Q_{mi}-Q_{m(i-1)}\geqslant 3000\ \mathrm{m^3/s}$；

②流量峰值条件：$Q_{mi}\geqslant 20000\ \mathrm{m^3/s}$。

长江上游、洞庭湖洪水遭遇标准：若宜昌站、城陵矶站的洪峰（Q_m，用最大日平均流量代替）同日传播至螺山站，即视为洪峰遭遇；若宜昌站、城陵矶站洪峰传播至螺山站的时间在5 d以内，即视为洪水过程遭遇。

长江上游大洪水定义：宜昌与城陵矶洪水未发生遭遇时宜昌站最大日平均流量超过

45000 m^3/s 的洪水过程。

以下流量不做说明均使用日均流量，通过洪水及其遭遇过程普查，本研究成功还原了2003 年三峡水库蓄水以来至 2012 年的 54 次洪水及洪水遭遇过程线，使前后数据更完整、序列具有可比性。

长江上游、金沙江中小洪水过程分布特征：1981—2012 年，长江上游流域共出现 128 次中小洪水过程，平均每年出现 4.0 次，整体呈逐渐减少的趋势。金沙江流域共出现 110 次中小洪水过程，平均每年出现 3.4 次，整体呈逐渐减少的趋势(表 4.2)。

表 4.2　1981—2012 年长江上游(宜昌站)、金沙江(屏山站)中小洪水过程次数变化

年次数	长江上游(宜昌站)	金沙江(屏山站)
	出现年份	出现年份
0 次	2004、2006	
1 次	1994	1988、1994
2 次	1992、1997、1998、2002	1992、1996、2006、2007、2011
3 次	1982、1986、1991、1995	1982、1985、1986、1991、1993、1998、2002、2003、2009、2010、2012
4 次	1985、1988、1989、2000、2001、2009、2010、2012	1981、1983、1984、1997、2001、2004、2008
5 次	1981、1984、1990、1993、1996、2005、2011	1988、1994
6 次	1999、2003、2007	
7 次	1983、1987	1989
8 次	2008	

长江上游大洪水时间分布特征(表 4.3)：1981—2012 年，长江上游大洪水过程共出现 24 次，出现在汛期 20 次，年际变化较小。平均过程持续时间 14.5 d，最长 32 d，最短 8 d。平均涨水时间 5.7 d，最长 12 d，最短 2 d。过程最早出现时间为 6 月 24 日，最晚出现时间为 9 月 19 日。洪峰流量最大值为 69500 m^3/s，流量增幅最大值为 42400 m^3/s，流量日增幅最大值为 26300 m^3/s。

表 4.3　1981—2012 年长江上游大洪水过程流量特征

单位：m^3/s

洪水编号	洪峰流量	流量增幅	日最大增幅	洪水编号	洪峰流量	流量增幅	日最大增幅
1:YC19810719	69500	42400	17400	13:YC19970720	48200	19800	6800
2:YC19810821	45100	21700	10600	14:YC19980717	55600	22000	8200
3:YC19820718	50400	32000	11400	15:YC20000703	52300	32400	11100
4:YC19830804	52600	33000	12900	16:YC20000718	52000	19500	10500
5:YC19830823	46400	22600	7400	17:YC20030904	45000	24400	11200
6:YC19830912	48500	27700	9000	18:YC20040908	59100	39400	13500
7:YC19840710	55500	31300	8500	19:YC20090807	55600	33400	9150
8:YC19840729	47900	12500	7100	20:YC20100720	66000	39000	26300
9:YC19840808	45500	15900	9400	21:YC20100824	54300	37800	10300
10:YC19910815	50400	34200	9200	22:YC20110921	45700	30700	16100
11:YC19920719	47700	26300	11200	23:YC20120712	52700	14000	5500
12:YC19930814	45600	20100	9300	24:YC20120903	50400	33200	14400

长江上游与洞庭湖洪水遭遇洪水特征：1981—2012 年各关键期长江上游与洞庭湖洪水遭遇共 30 次。消落期遭遇 6 次，其中宜昌站均为洪峰流量小于 30000 m^3/s 的洪水；汛期遭遇 20 次，其中宜昌站洪峰流量在 45000～55000 m^3/s 过程有 9 次、洪峰流量在 55000 m^3/s 以上过程有 11 次；蓄水期遭遇 4 次，其中宜昌站洪峰流量在 30000～45000 m^3/s 过程有 3 次、洪峰流量在 55000 m^3/s 以上过程有 1 次（表 4.4）。

表 4.4 长江上游与洞庭湖洪水遭遇过程流量特征

单位：m^3/s

洪水编号	洪峰流量	流量增幅	日最大增幅	洪水编号	洪峰流量	流量增幅	日最大增幅
1:ZY19820731	53200	7100	2300	16:ZY19980816	65100	5300	1300
2:ZY19820922	50700	21800	2100	17:ZY19980825	65100	5300	1300
3:ZY19830717	59300	8500	3000	18:ZY19980831	65100	5300	1300
4:ZY19840603	41800	14400	5300	19:ZY19990701	63700	32900	8000
5:ZY19870724	51900	16300	5900	20:ZY19990708	68200	10100	4200
6:ZY19880906	60800	36100	4800	21:ZY19990720	68200	10100	4200
7:ZY19890714	52000	13200	4200	22:ZY19990908	45700	7800	1600
8:ZY19920520	42200	17100	4300	23:ZY19990918	40400	1800	1200
9:ZY19930817	54900	6700	1800	24:ZY20020517	46600	13900	2100
10:ZY19930831	55500	8800	2400	25:ZY20020818	67400	29300	4700
11:ZY19950604	37400	16900	3700	26:ZY20050606	40900	16300	1900
12:ZY19980702	61100	25800	6400	27:ZY20050610	40900	16300	1900
13:ZY19980724	67500	11300	4200	28:ZY20070730	50100	12700	1900
14:ZY19980807	67500	11300	4200	29:ZY20100728	46900	1300	900
15:ZY19980812	67500	11300	4200	30:ZY20120724	57100	20700	2700

从洪水的子流域组合来看，长江上游大洪水多数过程累加强降水子流域大部在 4 个以上，嘉陵江流域最多，其次为三峡区间、岷沱江，金沙江最少；遭遇过程上下游均未出现强降水，也有可能出现洪水遭遇，因此需特别注意考虑前期洪水影响，遭遇过程乌江、宜宾—重庆、三峡区间三流域出现强降水组合情形最多（表 4.5）。

表 4.5 1981—2012 年长江上游大洪水和上游、洞庭湖洪水遭遇强降雨流域组合次数

单位：次

出现强降水子流域数	0	1	2	3	4	5	6	7	合计
长江上游大洪水次数	—	3	3	2	12	5	1	—	24
上游、洞庭湖洪水遭遇次数	1	0	0	6	6	4	6	4	30

从洪水过程的过程面雨量平均来看，影响长江上游大洪水长江上游过程平均面雨量汛期、蓄水期均为 66 mm，极端最大为 139 mm。上游各子流域过程平均面雨量在 55～85 mm，极端最大在 125～225 mm。对上游降水过程面雨量，4 个以上子流域均达到 55 mm、整个上游达到 65 mm 的降水要注意上游大洪水的可能（表 4.6）。

表 4.6 1981—2012 年长江上游大洪水各子流域过程面雨量

单位：mm

流域面雨量	金沙江	岷沱江	嘉陵江	乌江	宜宾—重庆	重庆—宜昌	长江上游合计
过程平均	57	71	85	54	61	71	66
过程最大	136	185	146	127	152	225	139

影响长江上游、洞庭湖遭遇洪水过程，多年平均过程面雨量宜昌以上为 83 mm，各关键期平均为消落期 83 mm、汛期 88 mm、蓄水期 81 mm；洞庭湖多年平均过程面雨量为97 mm，各关键期平均为消落期 97 mm、汛期 95 mm、蓄水期 93 mm；螺山以上过程平均面雨量为 87 mm；上游子流域在 75～100 mm。对降水过程面雨量长江上游达到 80 mm、洞庭湖超过 90 mm 的降水要注意可能形成遭遇型洪水（表 4.7）。

表 4.7 1981—2012 年长江上游、洞庭湖遭遇洪水过程流域面雨量

单位：mm

流域面雨量	金沙江	岷沱江	嘉陵江	乌江	宜宾—重庆	重庆—宜昌	上游合计	洞庭湖	螺山以上
过程平均	77	73	78	99	94	97	83	97	87
过程最大	138	178	157	195	211	197	144	245	175

过程面雨量长江上游大洪水北部大于南部，即长江上游乌江明显偏少、嘉陵江明显偏多。而上游、洞庭湖遭遇洪水过程面雨量南部大于北部，长江上游乌江明显偏多、嘉陵江相对偏少。

4.2.3 基于天气机理的洪水天气流型识别

4.2.3.1 长江上游中小洪水天气环流类型

从天气学角度出发，将长江上游中小洪水个例分为四种类型：纬向环流型、经向环流型、两高之间型、偏东气流型。

（1）纬向环流型

纬向环流型（图 4.6）洪水过程中位于乌拉尔山和贝加尔湖地区的高压脊比常年同期偏强，脊前强盛的偏北风引导冷空气南下，使得新疆北部和东北地区两个低槽发展比常年同期偏强，新疆北部槽缓慢东移，不断分裂短波槽东移南下，引导西北路冷空气南压，同时东北低槽稳定维持，槽后有东北冷空气不断向南渗透。副热带高压（简称“副高”）较常年同期偏强偏西，其外围的西南暖湿气流发展旺盛，与上述西北和东北冷空气持续交汇，形成东北—西南走向的辐合带，致使雨带自岷沱江和嘉陵江流域一带生成，之后东移南压至重庆—宜昌和乌江流域。受具体系统配置影响，一次纬向型洪水过程中，会出现一次或多次强降水过程。强降水过程前中低层南风的发展使得地面暖低压迅速发展，不稳定能量持续积聚，低槽引导冷空气南侵，有利于不稳定能量的释放，使得纬向环流型洪水降水强度较大。

纬向环流型强降水一方面范围广，主要集中在岷沱江、嘉陵江、干流区间宜宾—重庆及重庆—宜昌段、乌江，另一方面过程多、维持时间长，所以引起双峰或多峰类型洪峰的概率较高，累计达 38.9%，在四类型中是最多的。洪峰日最大流量增幅及过程增幅均较大，由于范

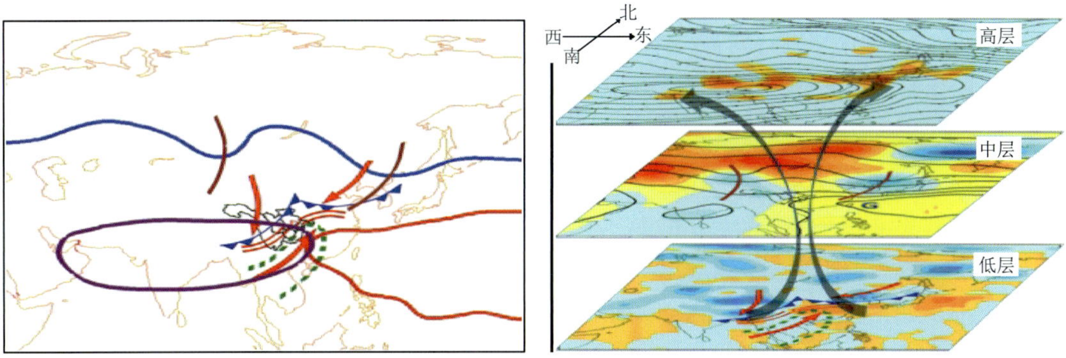

图 4.6　纬向环流型洪水天气学概念模型及三维结构

围广、时间长、强度也较大，所以次洪量及过程洪量在四类型中最大。洪水过程时间相对较长，17 d 以上为 30.5%。

(2)经向环流型

经向型洪水根据主要影响槽位置分为贝加尔湖槽(图 4.7)、东北槽(图 4.8)两种。其中，贝加尔湖槽类经向环流型洪水过程中，位于鄂霍次克海和乌拉尔山附近的两个高压脊比常年同期偏强，在两高之间的贝加尔湖地区为深厚的南北向低槽，强大的鄂霍次克海高压使

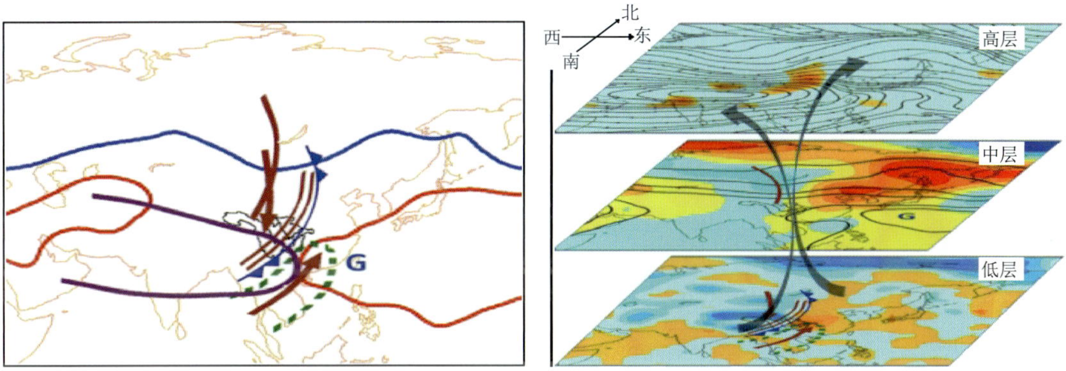

图 4.7　经向环流型——贝加尔湖槽洪水天气学模型及三维结构

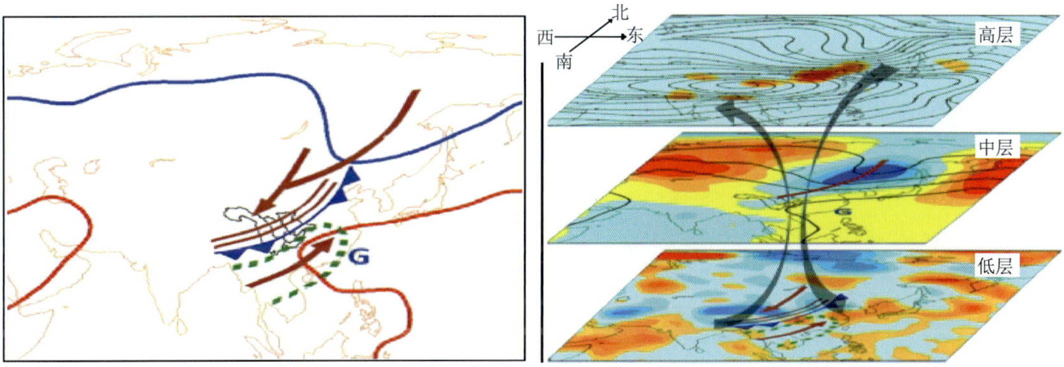

图 4.8　经向环流型——东北槽洪水天气学模型及三维结构

贝加尔湖的低槽东移缓慢，并且加深，槽后偏北风引导冷空气南下，与副高外围的西南暖湿气流交汇，形成南北走向的辐合带和锋区，造成辐合上升运动。对应高层东西向的南亚高压脊线北侧的南北向的辐散中心，辐散“抽吸”作用，在上述有利的系统配置下，在嘉陵江、岷沱江、重庆—宜昌一带出现强降水。

东北槽类经向环流型洪水过程中，两个高压东移到鄂霍次克海东部和巴尔喀什湖附近，低槽也东移到东北地区，两高一低的系统稳定维持，且比常年同期偏强。槽后偏北风引导冷空气南下，与副高外围的西南暖湿气流相交，形成东北—西南走向的辐合带和锋区。高层南亚高压仍为东西向，脊线变化不大，但其北侧的辐散中心却转为东北—西南走向，与中低层系统一致，在上述有利的系统配置下，在重庆—宜昌、乌江、嘉陵江、岷沱江一带出现强降水。

经向环流型洪水一般是由于降水系统自西向东移动性降水引起的，降水强度大，所以此类型天气造成的洪水一般以单峰为主；过程累计面雨量在四类型中较大的，其洪峰日最大流量增幅及过程增幅均较大，相应的次洪量及过程洪量也较大，所以此类型天气造成的洪水涨水较快，88%的个例涨水时间在 8 d 以内，过程时间相对较短，82.7%的个例过程时间在 16 d 以内。

(3)两高之间型

两高之间型(图 4.9)洪水过程中，高纬贝加尔湖西侧高压脊发展，强度比常年同期明显偏强，脊前贝加尔湖东部地区为一低槽，中纬青藏高压和副高比历史同期偏强，当青藏高压东扩、副高西伸时，在青藏高压的东侧形成切变线，与北面贝加尔湖东部低槽叠加，槽后冷空气与副高脊前暖湿气流交汇，在宜宾—重庆、岷沱江、嘉陵江一带形成强降水。

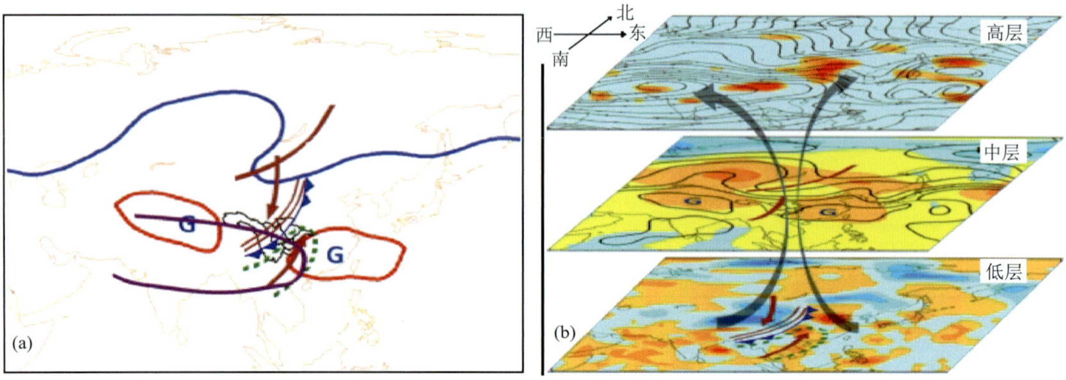

图 4.9 两高之间型洪水天气学模型(a)及三维结构(b)

两高之间型洪水雨带呈东北—西南向或团状，移动或准静止，降水维持时间较长，强度较强，一般以单峰为主，单峰或双峰偶有发生，过程累计面雨量在四类型中属于中等，其洪峰日最大流量增幅及过程增幅均较大，相应的次洪量及过程洪量也较大，所以此类型天气造成的洪水涨水较快，涨水时间在 8 d 以下的占 85.8%，洪水过程时间较长，17 d 以上达 35.7%。

(4)偏东气流型

偏东气流型(图 4.10)洪水过程中，高纬环流较为平直，贝加尔湖以东高度场较常年同期偏强，准东西向副高强度偏强，向西伸展到流域东部，副高南部热带低值系统存在，副高外围偏东气流与热带系统外围偏东南气流在长江上游附近汇合，形成动力和水汽的辐合，同时，高层辐散抽吸带动底层大气辐合上升。高原上有低值系统东移影响流域，地面伴有冷空气南下，使得冷暖空气在长江上游一带交汇，尤其在四川盆地受地形影响，风向几乎与地形成垂直，水汽在此不断辐合抬升并能长时间维持，使得盆地附近的岷沱江以及嘉陵江两个流域多产生准静止型东北—西南带状走向强降水。

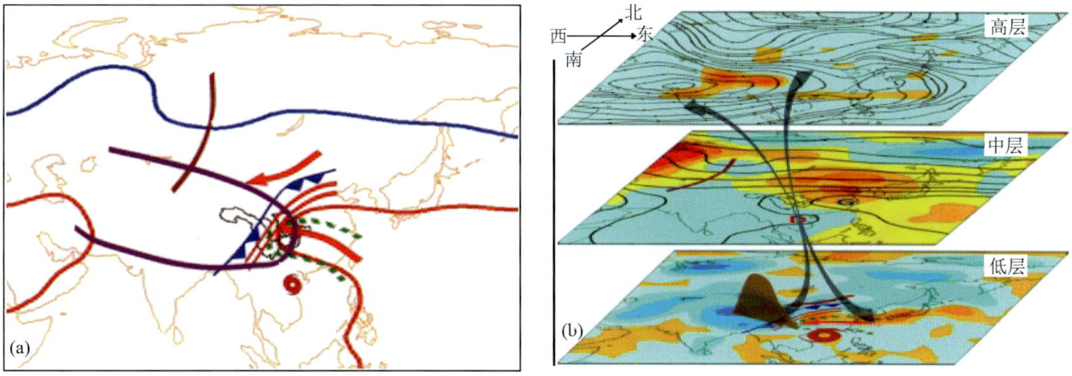

图 4.10 偏东气流型洪水天气模型(a)及三维结构(b)

偏东气流型洪水降水过程短，范围小，局部降水强，所以引发的洪水以单峰为主，高达90%，且总体来说，过程累计面雨量及次洪量偏小，其洪峰日最大流量增幅及过程增幅也是最小的。洪水过程时间较短，17 d 以上洪水过程只占 25%。

4.2.3.2 长江上游大洪水天气环流类型

从天气学角度出发，分析 500 hPa 环流特征，按照 500 hPa 中高纬环流类型将长江上游大洪水天气分为 3 种类型：巴尔喀什湖槽东移型（Ⅰ型）、贝加尔湖槽稳定型（Ⅱ型）和东北冷槽型（Ⅲ型）。

(1)巴尔喀什湖槽东移型（Ⅰ型）(图 4.11)

该类模型中高纬通常为两槽一脊型，500 hPa 巴尔喀什湖附近为深厚低涡槽区，我国东北到鄂霍次克海之间有一槽，沿海有时有台风活动。巴尔喀什湖槽东移的过程中，分裂短波槽从高原东移，在高原槽前正涡度平流和地形作用下，中低层高原低值系统增强，导致高原低值系统东侧辐合增强，在四川盆地附近形成低涡发展并东移。同时副高东退，西脊点在

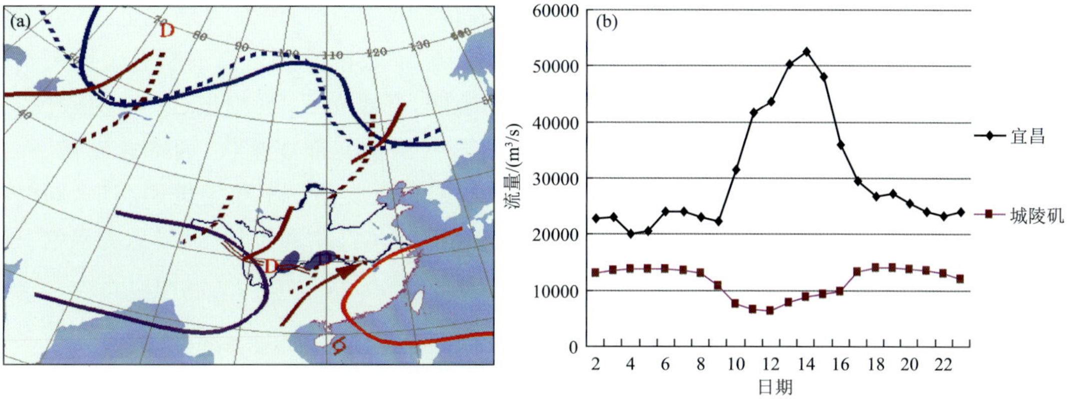

图 4.11 Ⅰ型洪水天气学概念模型(a)及洪水特征(b)

115°E,脊线位于 25°—27°N 附近,南亚高压脊线位于 27°—30 °N 附近,主体位于高原南侧。在高原槽和低涡共同作用下,造成强降水从长江上游地区东移到长江中游。随着上游强降水过程的发生及降水带的东移,宜昌洪峰流量逐日迅速升高,最大日均洪峰流量可达 55600 m^3/s,出现宜昌大洪水,由于洞庭湖流域内无明显强降水,城陵矶流量较弱,日洪峰流量小于 20000 m^3/s,长江上游、洞庭湖洪水未发生遭遇。

(2)贝加尔湖槽型(Ⅱ型)(图 4.12)

该类模型中高纬欧亚大陆通常为两脊两槽型,500 hPa 贝加尔湖附近有深厚低涡槽,低涡槽向南延伸至 35°N。副热带高压西脊点稳定在 110°E 附近,受强大副热带高压影响,低涡槽东移北收。同时高原上有高原低值系统发展,受贝加尔湖低槽影响,高原低值系统东部辐合增强,同时边界层有东南气流发展,在四川盆地西部地形作用下抬升,降水首先在四川盆地西部发展,随着 500 hPa 低涡槽东移北收,强降水向四川盆地东部和嘉陵江流域发展;在岷沱江、嘉陵江流域强降水的作用下,宜昌洪峰流量呈逐渐增长趋势,最大日均洪峰流量可达 69500 m^3/s,形成宜昌大洪水,由于洞庭湖流域内无明显强降水,城陵矶流量变化平缓,维持 20000 m^3/s 以下的水位,二者未发生洪水遭遇。

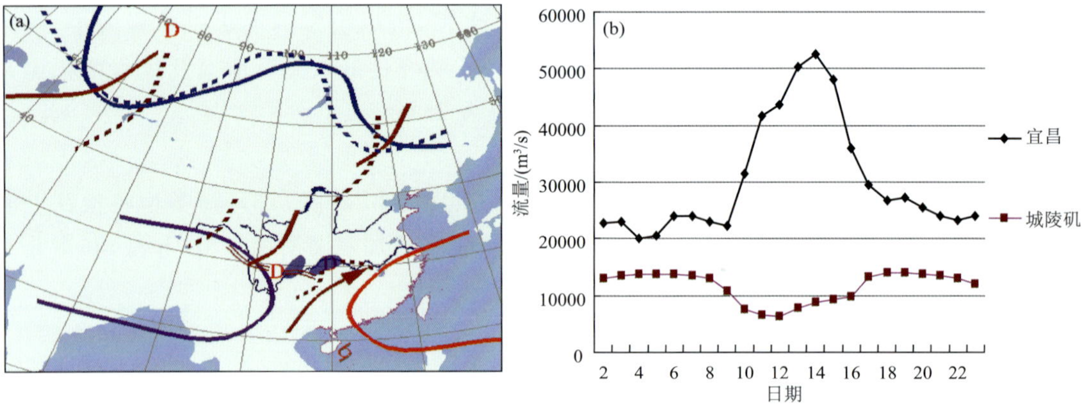

图 4.12 Ⅱ型洪水天气学概念模型(a)及洪水特征(b)

(3)东北冷槽型(Ⅲ型)(图 4.13)

该类模型中,中高纬通常为两脊两槽型,低槽在内蒙古附近加深发展形成低涡,低涡东移到我国东北上空变得深厚,向下低涡可以发展到 850 hPa,在低涡后部不断有偏北风携带冷空气南下。副热带高压呈东西向控制 27°N 以南地区,脊线在 24°N 附近,南亚高压脊线位于 30°N 附近,主体位于高原上。受副热带高压阻挡,低涡槽北部速度快,西部速度慢,而且槽后偏北风携带冷空气南下,在低槽尾部干冷空气和副高西北部的不稳定气团交汇,同时在 500 hPa 低槽引导下,高原低值系统东部暖切略有南压影响乌江中西部地区,导致在乌江—重庆—宜昌一带产生强降水,此外,东北冷槽携带的边界层冷空气与南风气流同时进入三峡谷地,由于峡谷地形辐合和抬升作用,易使宜昌附近降水强度加大。宜昌发生洪水前 6 d,随着降水过程的发生及降水带的东移,宜昌流量多呈现双峰型,最大日均洪峰流量可达 59100 m^3/s,形成宜昌大洪水,洞庭湖流域内无明显强降水,城陵矶流量较弱,二者未发生洪水遭遇。

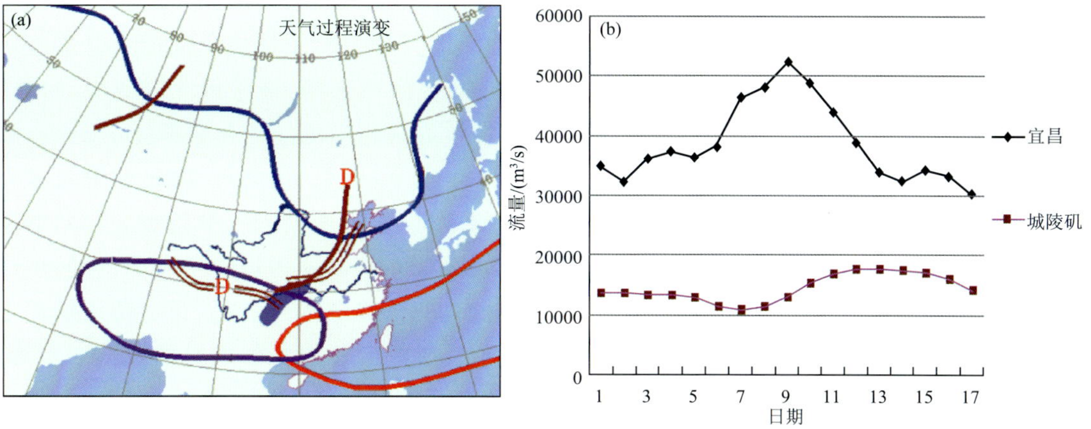

图 4.13 Ⅲ型洪水天气学概念模型(a)及洪水特征(b)

4.2.3.3 长江上中游遭遇洪水天气类型

遭遇过程的洪水天气从 500 hPa 中高纬主要表现为 5 种环流类型:巴尔喀什湖、东北低槽东移型(Ⅰ型)、贝加尔湖槽东移型(Ⅱ型)、乌拉尔山东部槽型(Ⅲ型)、双阻梅雨锋型(Ⅳ型)、东北冷槽尾部型(Ⅴ型),其中Ⅰ型、Ⅱ型为东移类型,Ⅲ型、Ⅳ型、Ⅴ型为稳定类型。

(1)巴尔喀什湖、东北低槽东移型(Ⅰ型)(图 4.14)

该类模型一般经历 3 次天气过程演变。初始环流背景:中高纬为两槽一脊型,巴尔喀什

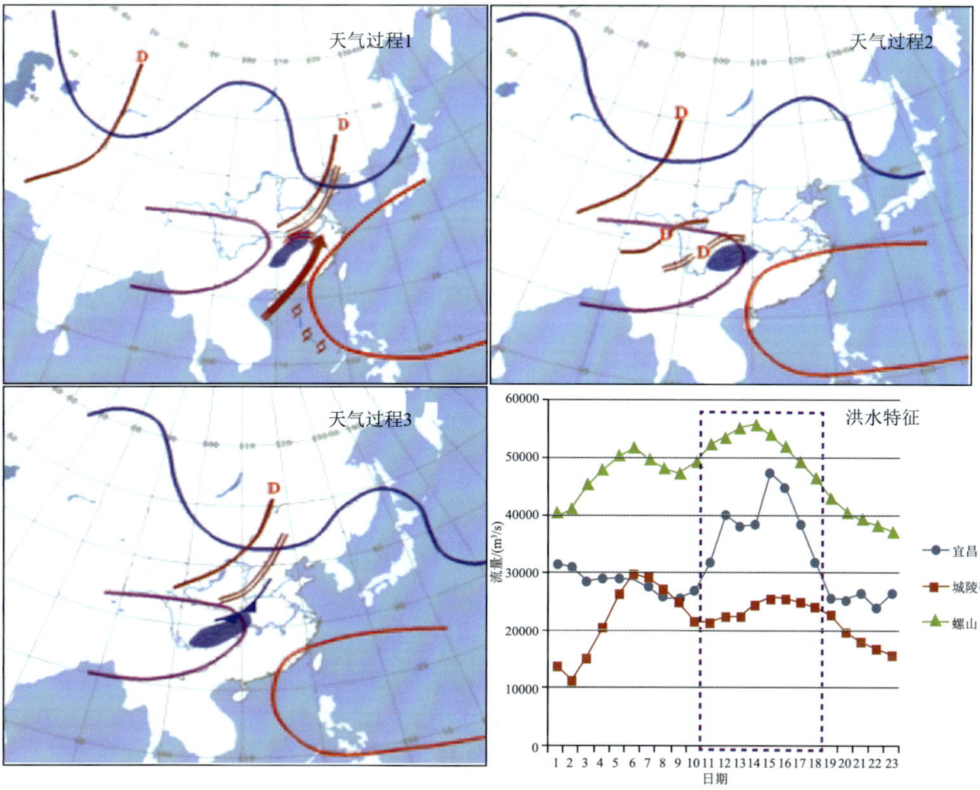

图 4.14 Ⅰ型洪水天气学概念模型及洪水特征

湖、东北地区为低值系统，贝加尔湖为高压脊控制，副高 588 dagpm 线西伸脊点位于 110°—120 °E，脊线位于 20°—25°N 附近，南亚高压脊线位于 27°N 附近，主体位于高原上。多经历 3 次系统演变，第一次天气系统演变：东北低槽引导低层冷切东移，槽后偏北气流引导冷空气南下，与副高外围西南急流携带的暖湿气流交汇，导致洞庭湖流域产生强降水。此外，当东北低值系统偏弱，西南急流偏强时，在暖平流强迫作用下，低层 850 hPa 洞庭湖附近常有暖切形成，而南海附近有时有台风生成沿着副高边缘北上，以上两种天气系统也会导致洞庭湖流域产生强降水。第二次天气系统演变：巴尔喀什湖槽东移演变为贝加尔湖西部槽，引导高原低值系统、西南涡东移，副高略有西进，其外围西南气流输送水汽北上，在上游流域产生强降水。第三次天气系统演变：副高东退减弱，贝加尔湖西部槽继续东移到贝加尔湖东部，引导低层冷切东移，地面上有冷空气扩散南下，仍旧在上游流域产生强降水。而当副高较为稳定维持时，贝加尔湖西部槽东移受阻，第三次天气系统演变将不会发生。该型中，上游面上综合指数为 11.41，洞庭湖为 9.8。在长江上游和洞庭湖流域降水的共同作用下，宜昌流量最大日均洪峰流量可达 67800 m^3/s，城陵矶在其退水过程中与上游来水叠加出现第二个洪峰，最大日均洪峰流量最高可达 30700 m^3/s，长江上游、洞庭湖洪水发生遭遇，促成螺山站日均洪峰流量最大可达 65100 m^3/s。

(2)贝加尔湖槽东移型(Ⅱ型)(图 4.15)

该类模型天气过程演变分为长波槽和短波槽演变两种情况。其中长波槽演变一般经历 2 次天气过程。初始环流背景：中高纬为两脊一槽型，巴尔喀什湖、东北地区为高值系统，贝加尔湖为低槽控制，副高 588 dagpm 线西伸脊点位于 110°—140°E，脊线位于 20°N 附近，南亚高压脊线位于 25°N 附近，主体位于高原上。第一次天气系统演变：贝加尔湖槽引导高原低值系统、西南涡东移，配合副高外围西南气流输送水汽，在上游流域产生强降水。第二次天气系统演变：贝加尔湖槽东移演变为东北低槽，引导低层冷切东移，同时川中有西南涡生成东移，与冷切结合，在中游干流—洞庭湖流域产生强降水；短波槽演变则可经历 2～3 次降水过程。西风环流中层扰动频繁，贝加尔湖短波槽不断引导低层低涡或冷切东移，配合副高外围西南暖湿气流，使强降水不断从上游移动至洞庭湖流域。该型中，上游面上综合指数平均值为 10.1，洞庭湖为 14.89。在多次移动性强降水的共同作用下，宜昌、城陵矶、螺山流量演变趋势较为一致，宜昌最大日均洪峰流量可达 59600 m^3/s，城陵矶日均洪峰流量最高可达 31100 m^3/s，宜昌洪峰和城陵矶洪峰同日传播到螺山，促成了螺山站日均洪峰流量最大可达 60800 m^3/s。

(3)乌拉尔山东部槽型(Ⅲ型)(图 4.16)

该类模型中系统演变一般呈准静止状态。中高纬通常为两脊两槽型，500 hPa 乌拉尔山地区为高压脊，有时形成闭合小高压，东部为宽广、深厚的低槽区，其东移的过程中，分裂小槽东移、南下，槽后的冷空气随之南下，中低层 700 hPa、850 hPa 在高原或盆地形成低涡切变。副高西伸加强，势力强大，588 dagpm 线西伸脊点位于 110 °E 附近，脊线位于 26°N 附近，高原上多有大陆高压形成，并与副高 584 dagpm 线打通，形成纬向高压坝，高压坝形成对乌拉尔山东槽起到重要阻挡作用。南亚高压脊线位于 30°N 附近，主体位于高原上。在副高的阻挡之下，高原低值系统或西南涡向东移动缓慢。此外 700 hPa 南风气流输送南海水汽北

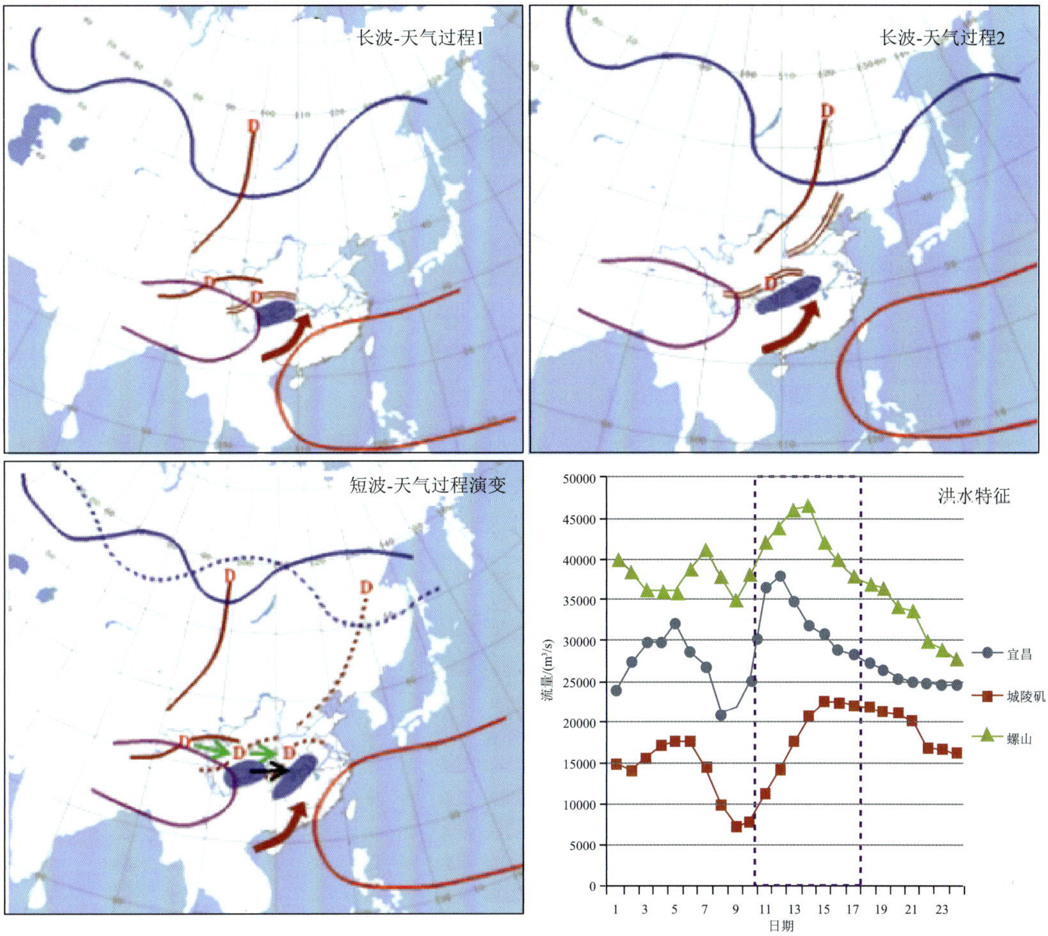

图 4.15　Ⅱ型洪水天气学概念模型及洪水特征

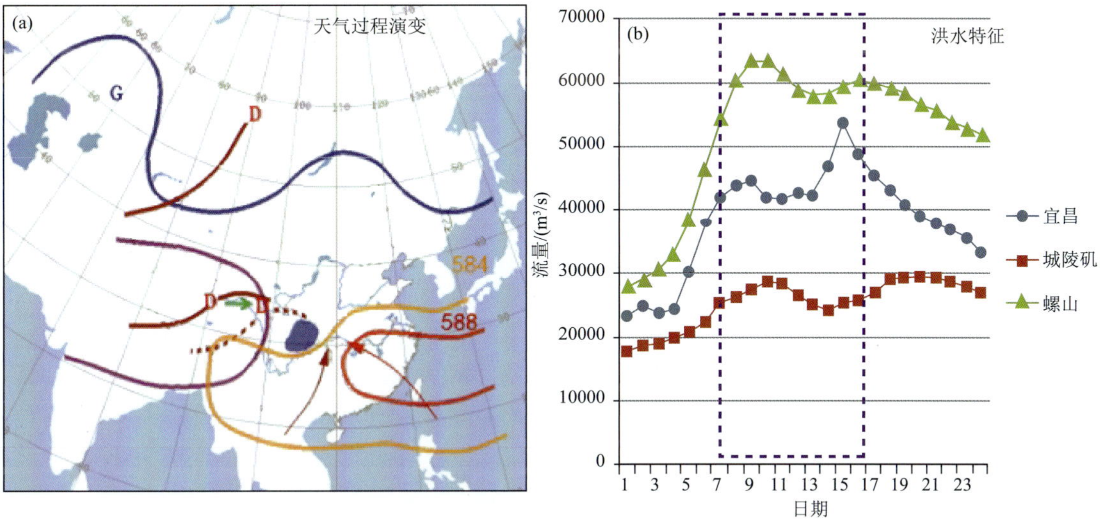

图 4.16　Ⅲ型洪水天气学概念模型(a)及洪水特征(b)

上，850 hPa 东风气流携带东海暖湿气流，并与秦巴山地、川西横断山脉正交，地形抬升作用配合系统移动缓慢，造成强降水长时间维持在上游流域。该型中，长江上游、洞庭湖流域面上综合指数分别为 11.81、1.56。在上游强降水的作用下，宜昌流量呈现双峰或者多波，最大日均洪峰流量可达 60200 m^3/s。由于洞庭湖流域内无明显强降水，城陵矶流量变化平缓，但是维持较大流量，洞庭湖流域降水退水过程中与上游来水叠加，日均洪峰流量最高可达 34100 m^3/s，宜昌与洞庭湖洪水发生遭遇。

（4）双阻梅雨锋型（Ⅳ型）（图 4.17）

该类模型中系统演变一般呈准静止状态。中高纬通常为双阻型，乌拉尔山、鄂霍次克海地区为阻塞高压（简称“阻高”）系统，贝加尔湖为宽广的低槽区，副高呈东北—西南走向带状分布，588 dagpm 线西伸脊点位于 110°E 附近，脊线稳定位于 22°—25°N，南亚高压脊线从高原东移到长江流域上空，位于 28°N 附近。阻高和副高的稳定维持，使贝加尔湖大槽移动缓慢，低层江淮切变长时间维持，川西不断有低涡沿切变向东北方向移动，冷暖空气在长江中下游频繁交汇，地面形成静止锋，配合副高外围西南急流，使强降水长时间稳定维持在中上游流域，雨区呈东北—西南走向。该型中，长江上游、洞庭湖流域面上综合指数分别为 13.47、19.02。在中游稳定性强降水的作用下，宜昌和城陵矶流量均维持高流量，最大日均洪峰流量分别可达 55600 m^3/s、35800 m^3/s。洞庭湖流域前次降水退水过程中与本地再次降水，以及上游来水叠加，促成了螺山站日均洪峰流量最大可达 65900 m^3/s。

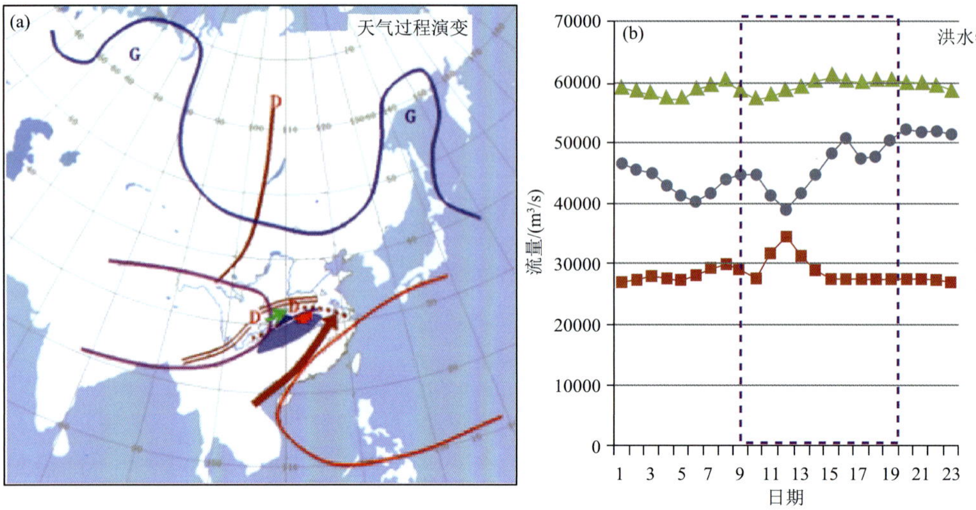

图 4.17　Ⅳ型洪水天气学概念模型(a)及洪水特征(b)

（5）东北冷槽尾部型（Ⅴ型）（图 4.18）

该类模型中系统演变一般呈准静止状态。中高纬为两槽一脊型，巴尔喀什湖、东北地区为低值系统，其中东北地区形成东北冷槽，低槽槽线多呈东北—西南走向，槽线尾部可伸展到长江流域，贝加尔湖为高压脊控制，副高 584 dagpm 线与降水落区关系密切，其移动缓慢，西伸脊点位于110°E附近，脊线位于 27°N 附近，南亚高压脊线位于 27°N 附近，主体位于高原上。在副高阻挡之下，东北低槽引导低层低涡和冷切缓慢东移，冷槽尾部位于冷切变和西南涡前暖切交汇区，动力辐合区明显增强，受东北冷槽槽后偏北气流引导，地面多有东北路冷空气南下，与副高 584 dagpm 线（或者 588 dagpm 线）外围西南急流携带的暖湿气流交汇在长江中游，使强降水长时间稳定维持在中上游地区，雨区呈东北—西南走向。该型中，长江上游、洞庭湖流域面上综合指数为 10.53、13.57。在中上游稳定性降水的共同作用下，宜昌、城陵矶最大日均洪峰流量分别可达 45200 m^3/s、27900 m^3/s。洞庭湖流域降水退水过程中与本地再次降水，以及上游来水叠加，促成了螺山站日均洪峰流量最大可达 57100 m^3/s。

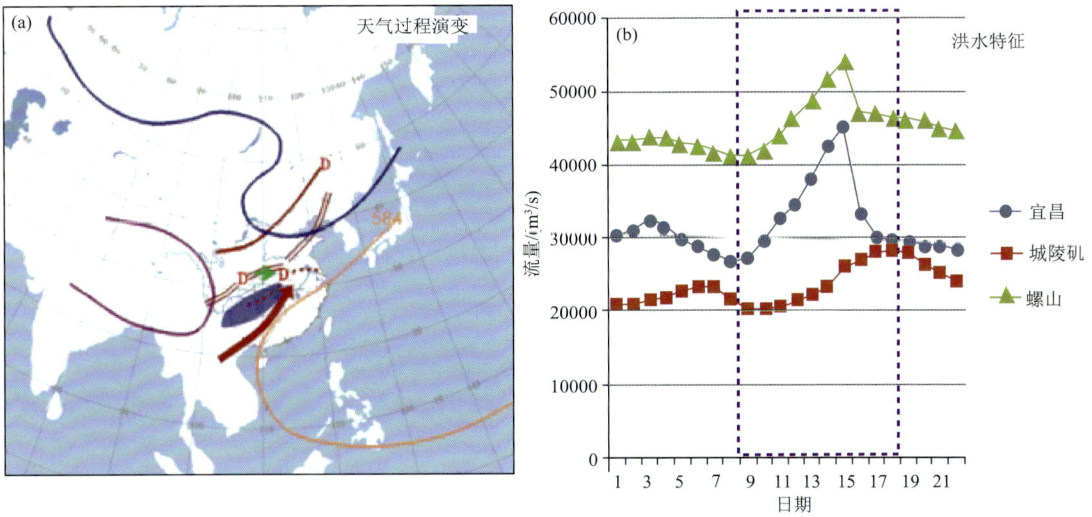

图 4.18　V 型洪水天气学概念模型(a)及洪水特征(b)

4.2.3.4　三峡梯级水库各关键期洪水天气预报策略

总结以上规律，形成三峡梯级水库各关键期洪水天气预报策略（表 4.8）。

表 4.8　三峡梯级水库各关键期洪水天气预报策略

<table>
<tr><th colspan="2">重点关注</th><th>消落期</th><th>汛期</th><th>蓄水期</th></tr>
<tr><td colspan="2">上游>30000 m³/s</td><td>无</td><td>多</td><td>多</td></tr>
<tr><td colspan="2">洞庭湖>20000 m³/s</td><td>少</td><td>多</td><td>少</td></tr>
<tr><td colspan="2">上中游遭遇过程特点</td><td>洪量小、次数少</td><td>洪量大、次数多</td><td>洪量虽大、次数很少</td></tr>
<tr><td colspan="2">水库错洪防止遭遇</td><td>基本无需</td><td>相对多(每 3 a)</td><td>很少(每 10 a)</td></tr>
<tr><td colspan="2">主要关注降水区域</td><td>洞庭湖</td><td>全流域</td><td>主要是上游</td></tr>
<tr><td colspan="2">关注系统</td><td>冷空气</td><td>暖湿气流增强与北部弱冷空气南下</td><td>台风和冷空气的影响
上中游遭遇副高东退</td></tr>
<tr><td rowspan="3">主要影响降水型</td><td>长江上游大洪水</td><td>无</td><td>Ⅲ型：巴尔喀什湖槽东移型、贝加尔湖槽稳定型相对多</td><td>Ⅲ型：主要是贝加尔湖槽稳定型</td></tr>
<tr><td rowspan="2">上游、洞庭湖遭遇洪水</td><td>Ⅲ型：主要是贝加尔湖槽东移型，也有巴尔喀什湖槽东移型、东北冷槽尾部型</td><td>Ⅴ型：巴尔喀什湖东北低槽东移型相对多</td><td>Ⅱ型：巴尔喀什湖东北低槽东移型、贝加尔湖槽东移型</td></tr>
<tr><td>上游、洞庭均有降水</td><td>各型均有出现</td><td>其余型未有出现</td></tr>
</table>

（1）长江干流大洪水关注重点上，消落期雨带主要集中于长江中下游，上游降水强度较小。副高不强，水汽整体输送较弱。既无上游大洪水，即使上游、洞庭湖遭遇洪水也是洪量小、次数少；汛期副高西进明显，水汽输送强烈，对流性不稳定最强，暖湿气流增强与北部弱冷空气南下的相互作用易产生大洪水，75%的年份会出现上游大洪水，3 a左右就会出现上游、洞庭湖遭遇洪水的情形，洪量大、次数较多；蓄水期副高西伸仍较明显，沿海多台风生成，水汽输送和对流性依然较强，在冷空气的影响下可产生上游大洪水和上中游洪水。上游大洪水平均5～6 a出现1次，长江上游、洞庭湖洪水10 a难得出现一次。因此，消落期主要做好中小洪水的利用并考虑消落时加大下泄与中下游洪水遭遇的影响，汛期、蓄水期需重点防范长江上游大洪水和7—9月出现的上游、洞庭湖洪水遭遇。

（2）洪水的子流域组合上，长江上游大洪水多数过程累加强降水子流域大部在4个以上，嘉陵江最多，金沙江最少；遭遇过程上下游均未出现强降水，也有可能出现洪水遭遇，因此需特别注意考虑前期洪水影响，遭遇过程乌江、宜宾—重庆、三峡区间三流域出现强降水组合情形最多。两类过程三峡区间均易形成洪水组合。过程面雨量关注上，整个上游超过65 mm或4个子流域均超过55 mm的过程要考虑上游出现大洪水的可能；对整个上游达到80 mm、洞庭湖超过90 mm的过程要注意遭遇型洪水可能。

（3）影响降水的天气背景、主要影响天气系统上，两类过程在汛期基本上是相似的，但未发生上游、洞庭湖遭遇的长江上游大洪水较遭遇型洪水，影响降水的环流及主要天气系统位置更为偏西，长江流域东部反气旋性系统顶托作用更强；蓄水期有较大差异，未遭遇型台风偏多偏强，冷空气影响偏北，洞庭湖一带存在较强的反气旋性系统顶托。而遭遇型台风偏弱，冷空气影响范围更为偏南，洞庭湖一带无反气旋性系统持续顶托。

（4）是否出现上游、洞庭湖洪水遭遇的关键因素是动力作用，东部系统的顶托作用造成了两类过程天气系统的降水位置不同。判断上游、洞庭湖洪水是否遭遇的关键看东部长江中下游副高进退是否明显，中低层洞庭湖是否有明显的反气旋性系统进行持续顶托。

实践表明，2016—2021年均提前9 d以上从天气模型角度准确预判出长江编号大洪水类型，为三峡梯级水库群提前调度赢得了时间。

4.2.4 11～15 d预报

针对单一模式预报或多模式集成释用在10 d以后性能快速下降问题，探索对10 d以上的预报能尽量将暴雨及以上的强降水可以预报出来，并兼顾其他量级降水的预报。基于ECMWF集合预报，采用基于概率匹配和时空细化的集合预报多统计量最优集成方案，建立了长江流域1～15 d网格降水客观预报，预报精度达到时间分辨率12 h、空间分辨率10 km、每日2次更新。

结果表明，最优集成产品对传统确定性预报时效在中期时段的强降水预报性能较差问题能有效改进，对强降水预报的雨带走向、中心位置、时间提前量均有提升。为洪水天气的提前预判可提供相关技术和产品支撑。

4.2.4.1 10 d以上降水预报技术

基于ECMWF集合预报，采取两个步骤建立长江流域最优集成产品和应用规则。

(1)建立了10类模式客观集合统计量预报产品

①7类分位数产品。基于EC集合预报51成员产品,利用百分位法,开发了分位数(最小值、10%、25%、50%、75%、90%、最大值)产品,即将每个格点上51个集合数据按大小排列,取每个格点上大小排列后的数据序列的10%、25%、50%(中位值)、75%、90%分位值和最大值(max)、最小值(min),分别作为对应的分位数产品。

②1类MODE产品。利用概率统计法,建立了MODE产品;统计MODE值的目的,是找出每个格点上51个成员预报的概率最大的值作为最终的预报结论,具体做法是:统计每个格点上51个集合样本的概率分布,取每个格点上集合样本拟合的概率密度函数中出现概率最高的数值,其计算公式为:Mode=3Median−2Mean,其中Median和Mean分别表示50%分位值和集合平均值。

③1类概率匹配平均产品。利用概率匹配平均法,建立了概率匹配平均(GL)产品(图4.19)。

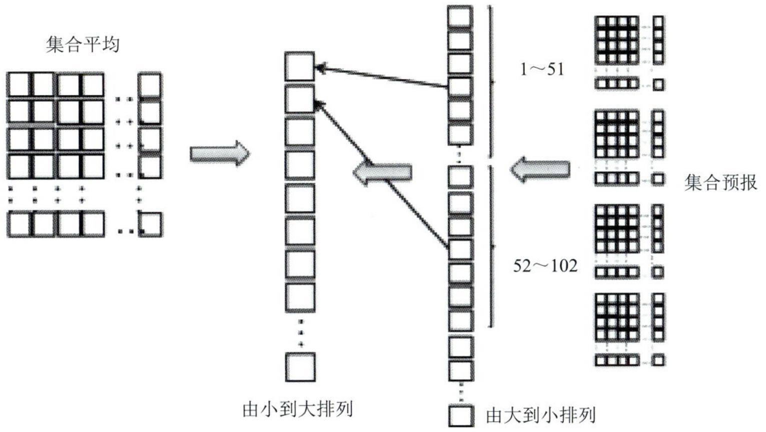

图4.19 概率匹配平均产品原理示意图

概率匹配平均产品是建立在集合平均产品的基础上的一种产品,此方法的核心是,认为集合平均的雨带是可以被采信的,但是由于集合平均算法的缺陷,可能导致预报降水的极值(过大或过小的)信息,会被平滑掉,为了解决这个问题,采用概率匹配集合平均方法,具体如下:首先,将集合平均场(包含n个格点)中每个格点的数值从大到小排列,并保留各数值在区域中的位置,其次,将区域内所有$n\times 51$个预报值按大小排列,保留每25个间隔的预报值,最后,将第二步保留的序列与第一步集合平均序列按从小到大匹配,得到概率匹配产品。

④1类集合平均产品。利用格点平均法,建立了集合平均等模式客观集合统计量系列产品。其中集合平均(ave)即取每个格点上所有集合成员数值进行算术平均,作为集合平均产品。

(2)研发了两种方案的多统计量最优集成预报产品

在对历史(2018年)多种集合统计量、EC确定性预报产品进行分级降水检验评估的基础上,优选不同降水量级的优势统计量,研究制定基于集合预报的多统计量最优集成方案。

根据评估结果,采用在不同降水量级上选取最优评分统计量的原则,设计出适用不同预报时效的基于最佳集合统计量融合的订正方案。具体算法如下。

对于任意格点$[i,j]$:

$$FP[i,j]=X(s,f)(MF[i,j])$$

式中：FP 表示统计量融合值；MF 表示成员预报；$X(s,f)$ 为统计量最优值，依据历史预报评估来选取，是季节 s 和预报时效 f 的函数。

具体而言，是在对统计量产品进行检验评估的基础上，优选不同降水量级优势统计量，建立了多统计量最优集成模型（图 4.20），具体规则如下。

对于每个格点，进行如下规则的判断及计算步骤：

若集合最大值≥100 mm，该格点值取最大值；

若集合 90%分位值≥50 mm，该格点值取 90%分位值；

若集合 70%分位值≥25 mm，该格点值取 75%分位值；

若集合中位数≥10 mm，该格点值取中位数值；

若上述条件都不满足，则格点值取 10%分位值。

方案 1（OES）对全流域采取以上同一方案。

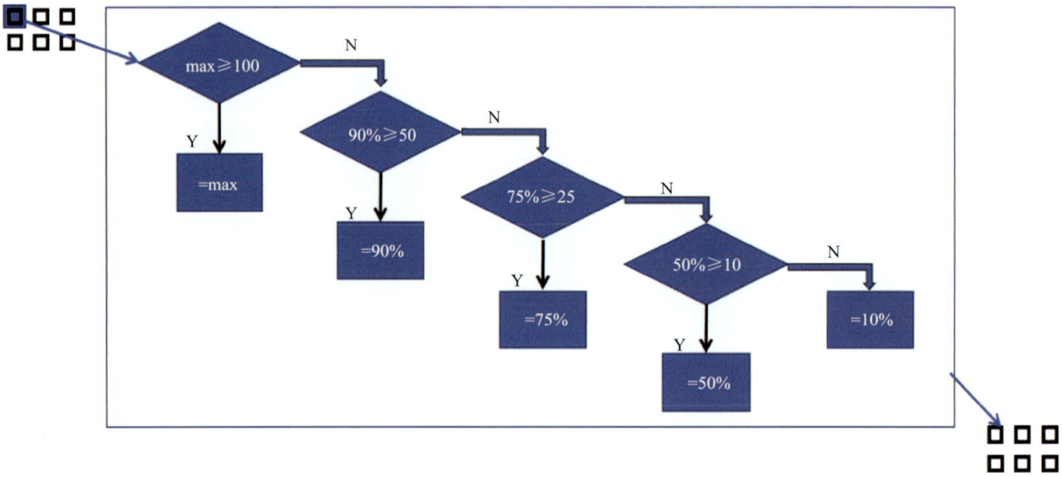

图 4.20 格点赋值规则

方案 2（OES2）考虑集合产品可能存在的地区、季节、预报时效差异，分 39 个分区，按春、夏、秋 3 个季节，区分不同时效建立产品（图 4.21）。

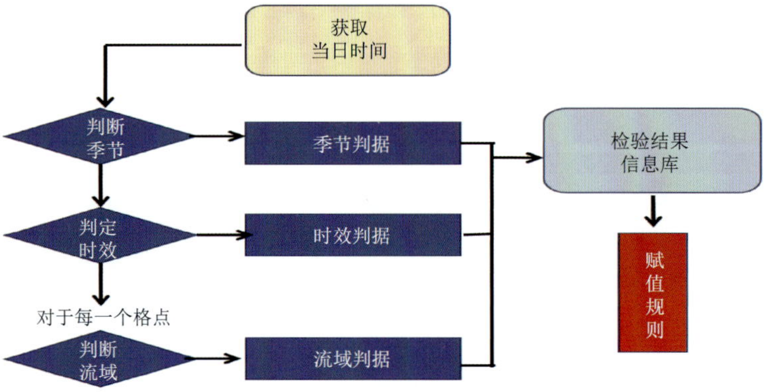

图 4.21 OES2 方案赋值规则

12 种多统计量最优集成方案产品空间分辨率为 10 km×10 km；时间分辨率 1～7 d 逐 12 h 间隔，8～15 d 逐 24 h 间隔；产品每日 08 时、20 时更新 2 次。

对这 12 类产品进行检验评估，优选不同降水量级优势统计量，建立 12 类统计量的最优集成产品。

基于集合预报 51 成员产品，计算集合平均、分位数（最小值、10%、25%、50%、75%、90%、最大值）、概率匹配平均和 Mode 值等统计量，用于进行延伸期降水预报。具体计算方法如下。

分位数：

将每个格点上 51 个集合数据按大小排列，取每个格点上大小排列后的数据序列的 10%、25%、50%（中位值）、75%、90%分位值和最大值（max）、最小值（min），分别作为对应的分位数产品。

集合平均（ave）：

取每个格点上所有集合成员数值进行算术平均，作为集合平均产品。

4.2.4.2　应用结果分析

结合 ECMWF、NCEP 确定性预报对 12 类产品在 2019—2020 年的预报性能进行检验评估，对暴雨以上级别降水，研发的多统计量集成 OES、OES2 以及 90%分位的产品参考性相对较高，其中分流域分区、分季节、分预报时效检验的 OES2 要好于其他产品，在业务应用中对极端强降水也有一定的预报表现。如 2020 年 8 月 11 日岷沱江的极端强降水，OES2 早在 8 月 2 日就预报出了本次过程，而 ECMWF 确定性预报在 8 月 5 日仍未预报出岷沱江的极端性降水，对强降水预报的雨带走向、中心位置、时间提前量均有提升，可为强降水天气的提前预判提供一定的支撑（图 4.22）。

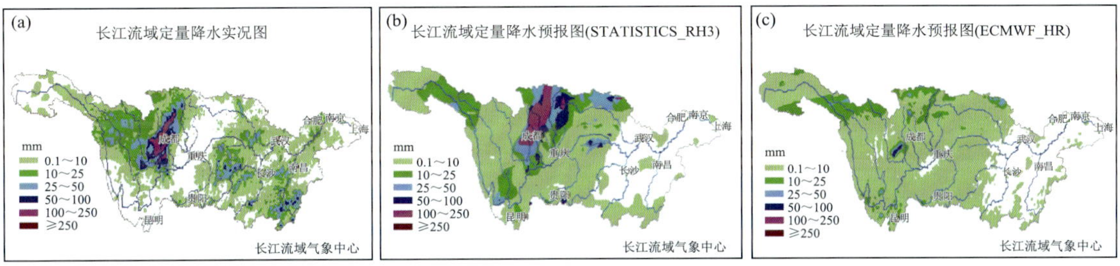

图 4.22　2020 年 8 月 11 日降水实况(a)、8 月 2 日起报的 OES2 预报 8 月 11 日降水(b)、8 月 5 日起报的 ECMWF 预报 8 月 11 日降水(c)示意图

然而，由于多统计量最优集成的两种方案均存在预报范围偏大、强度偏强的问题，虽然 OES2 在第 15 d 仍能保持在 0.02，好于 NCEP 等确定性预报 11 d 后就开始接近于 0。但其 TS 评分在 6 d 以后就已经在 0.05 以下，过低的预报准确率导致难以用其结果直接输入水文模型实时预报。相关产品只适合对预判较长时效的极端强降水作参考。

4.3 流域短中期精细化降水预报

目前水文气象预报业务上主要直接采用网格化的数值模式定量降水预报结果，而受观测精度和模式预报精度影响，当前实验开展的直接使用数值模式输出结果方法，还不能满足实际水文预报对各个时次预报精细程度要求。主要体现在以下几点：

(1)现有的站点监测不能体现实际降水特征，特别是站点稀疏地区实际来水经常与基于站点观测的计算来水结果不符，而2018—2020年国家级融合实况整点后半小时生成，主要应用于预报检验；

(2)由于数值预报模式起转问题，最初的数小时模式预报与实况往往有较大偏差，其结果直接应用于流域梯级水库水文预报的可用性差，局地突发强降水尤为明显；

(3)10 d预见期的中短期单一数值模式预报，对长江上游流域复杂地形下定量降水预报效果较差，往往无法满足水文预报的要求，特别是3 d以上的降水预报结果不能满足流域梯级水库精细调度需求。

由于降水的产生过程和物理机制非常复杂，是由一系列同时出现的、从微尺度到天气尺度的不同尺度的复杂物理过程共同作用的结果。因此，从实况、短时到短中期不同的预报时效，网格化定量降水预报采取的技术是不尽相同的。

实况作为预报的起点，既是“零时刻”的预报，也是前期预报效果评估的依据。从20世纪90年代起，欧美、日本先后依托卫星、地面雨量站建立了空间分辨率10～100 km网格化的降水融合实况产品。21世纪开始，各国开始应用雷达、地面雨量站建立起分辨率达到空间千米级、时间分钟级的降水融合实况产品。而中国对于多源融合降水实况研究近年也取得了进展，全国区域范围的逐小时、5 km分辨率的“地面雨量站＋卫星”二源、“地面雨量站＋卫星＋雷达”三源两种网格化降水融合实况产品于2018年实现业务运行。

0～12 h短时预报时段，世界气象组织(WMO)对发展短时预报的共识是将临近预报技术与数值预报技术进行融合。其中0～2 h国内普遍使用交叉相关法进行雷达估测降水外推预报，2008年以来，中国国内相继有研究表明，通过使用光流法来代替交叉相关法，在0～2 h可以得到较好的预报效果，发展出基于全局平滑的HS、利用局部平滑约束的LK两种光流方法；针对3～6 h的定量降水预报，由于存在外推预报质量快速下降和数值预报模式起转的问题，国内外目前多结合雷达、卫星、自动站等高时空分辨观测资料建立快速更新循环同化数值预报的方法。另外，北京、广东等省(市)还开展了雷达回波外推临近预报和高分辨率数值预报相融合的业务试验，结果表明，对5 mm以上的降水，上述方法较直接使用数值预报效果更好；6～12 h的预报多直接使用快速循环同化数值预报的方法。

10 d以内的短中期时段，主要应用数值天气预报模式。当前主流的业务预报模式是ECMWF(欧洲中期天气预报中心)的全球模式、NCEP(美国国家环境预报中心)的Eta模式，以及德国、日本的全球和区域业务模式，中国自行研发的NWP模式则以GRAPES为代表。业务中主要采取多模式优先集成方法，包括基于多中心确定性模式降水相似分析的多模式集成法、基于确定性全球模式物理量统计建模的逻辑回归法、基于确定性全球模式的频率匹配订正算法、基于集合模式的最优百分位法、基于确定性全球模式评分最优化的订正算法等方法。

10 d 以上的延伸期时段，主要针对集合数值预报资料采用偏差订正和降尺度技术获得网格化客观预报，当前中国国内水文气象业务中尚处于初步试验阶段。

4.3.1 技术路线

4.3.1.1 长江流域短中期(0～10 d)模式释用技术研究

探索将长江流域中短期降水预报的水文模型可用时效从 1～3 d 延长至 7 d 以上，在国内业务应用已证明较有效的基于全球模式评分最优化订正法基础上进一步发展并应用至长江流域，采取多模式精细分区分级分时效动态检验排序与预报员经验客观化自动识别降水雨型、自动订正雨区量级相结合的多因子精细分区动态最优集成方法 MDI(Model Dynamic Integration)，建立长江流域 1～10 d 网格降水客观预报产品，空间分辨率 5 km，时间分辨率 3 h，08 时、20 时每日两次更新。

检验表明，其预报结果优于各类客观预报产品，仅次于主观预报，有效提升了短期网格预报水平，降水预报的可用时效从 2～3 d 提高至 7～10 d，并适应了长江上游 51 个以上精细分区的气象降水预报需求。

利用欧洲、NCEP、GRAPES-GFS、GERMAN 等大尺度模式和中尺度模式(WRF-9 km、WARMSv2.0、GRAPES-MESO、GRAPES-3 km)以及 EC 集合预报 50 mm 以上概率预报产品的原始数据，将各个模式不同分辨率的资料双线性插值到统一的 5 km×5 km 细网格上，生成长江流域短中期(0～10 d)客观精细化降水网格预报产品。

基于多因子精细分区预报最优集成方法(MDI)，开展空间精细分区并进行多家数值预报模式降水产品的动态检验，建立各区的分级、分时效降水预报性能排序；将预报员经验量化，进一步优化排序集成最优背景场；采用模糊逻辑法和邻域法等技术建立约束条件，降低空漏报，提供最优的长江流域短中期网格降水预报产品。

4.3.1.2 长江流域短中期(0～10 d)精细化降水网格预报试验效果评估

利用中国气象局逐小时定量降水融合计算产品和气象考核站点实况两种资料，采用站点—格点、格点—格点降水预报检验方法，通过 TS 评分和偏差分析，对长江流域短中期(0～10 d)精细化降水网格预报试验产品开展检验。根据检验评估结果，反馈到模式释用技术方法改进中，优化长江流域短中期网格降水预报产品。

4.3.1.3 建立长江流域短中期(0～10 d)精细化降水网格预报产品实时检验

以中国气象局逐小时定量降水融合产品和气象考核站点数据作为实况，利用 TS 评分和偏差分析方法，实现对长江流域短中期(0～10 d)精细化降水网格预报产品的实时检验。通过柱状图、表格、文本等多种形式展示检验结果，实现多模式释用产品与单一模式产品预报效果对比分析。建立强降水建档规则，针对典型强降水过程，开展降水开始、结束时间、中心位置等预报检验研究，分析模式预报产品的预报能力，研究对长江流域降水模式预报产品进行量级订正、区域订正的思路。

4.3.2 技术方案

4.3.2.1 资料说明

（1）实况降水资料

2017—2019年长江流域723个国家站的日降水量（08—08时）、12 h降水量（08—20时、20—08时）资料；2017—2019年长江流域国家站及部分区域站共2831站的逐小时降水资料，详见图4.23。

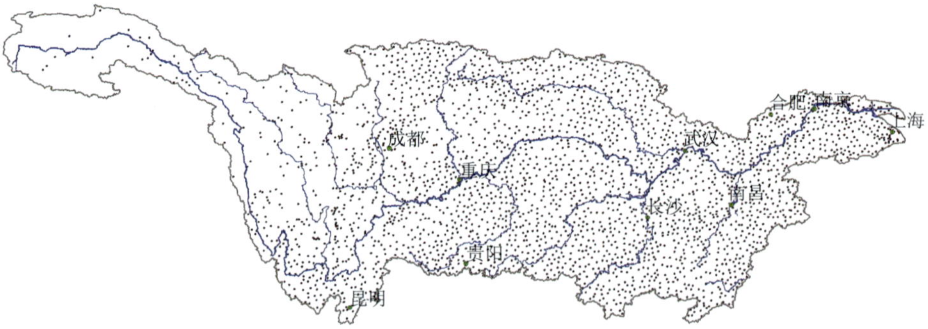

图4.23 长江流域2831个天气站

（2）数值模式资料

①2017—2019年欧洲细网格降水资料：空间范围0°—180°E，10°S—80°N，空间分辨率为0.125°×0.125°。预报时效为0～240 h。

②2017—2019年日本降水资料：空间范围30°—195°E，5°S—90°N，空间分辨率为0.5°×0.5°。预报时效为0～264 h。

③2017—2019年NCEP降水资料：空间范围0°—180°E，10°S—80°N，空间分辨率为0.5°×0.5°。预报时效为0～264 h。

④2017—2019年GRAPES-GFS降水资料：空间范围0°—180°E，0.125°—79.875°N，空间分辨率为0.25°×0.25°。预报时效为0～240 h。

⑤2017—2019年GRAPES-meso降水资料：空间范围70°—145°E，15°—65°N，空间分辨率为9 km×9 km。预报时效为0～84 h。

⑥2017—2019年华东中尺度（WARMSv2.0）模式降水资料：99°—122°E，23°—38°N，空间分辨率为9 km×9 km。预报时效为0～84 h。

⑦2019年WRF模式高分辨率快速同化预报系统（WH-HRRR）：99°—122°E，23°—38°N，空间分辨率为3 km×3 km，同化频率为3 h。预报时效为0～84 h。

⑧2019年华中中尺度（WRF-9 km）模式降水资料：95°—125°E，10°—40°N，空间分辨率为9 km×9 km。预报时效为0～84 h。

⑨2019年GRAPES-3 km模式降水资料：70°—145°E，10°—60°N，空间分辨率为3 km×3 km，同化频率为3 h。预报时效为0～36 h。

⑩2019 年 GERMAN 模式降水资料：0°—180°E，10°S—80°N，空间分辨率为 0.25°×0.25°。预报时效为 0～168 h。

⑪EC 集合预报 50 mm 以上概率预报：40°—180°E，10°S—70°N，空间分辨率为 0.5°×0.5°。预报时效为 0～360 h。

4.3.2.2　降尺度方法

(1)空间降尺度方法

空间降尺度即将格点值从较粗的格点分辨率插值到较细的格点分辨率。其表达式为

$$z_{2\,i,j}=\sum_{i=1}^{2}\sum_{j=1}^{2}(z_{1\,i,j}\cdot W_{i,j})/\sum_{i=1}^{2}\sum_{j=1}^{2}W_{i,j},W_{i,j}=\frac{1}{r_{i,j}^{2}}$$

式中，$z_{1\,i,j}$ 为粗网格降水资料，$z_{2\,i,j}$ 为细网格降水资料，$W_{i,j}$ 为权重系数。

以 NCEP 降水资料为例，需要从 0.5°×0.5°降尺度到 0.05°×0.05°。如图 4.24 所示，红圆点表示分辨率为 0.05°的格点，黑圆点表示离红圆点最近的 4 个 0.5°的格点。

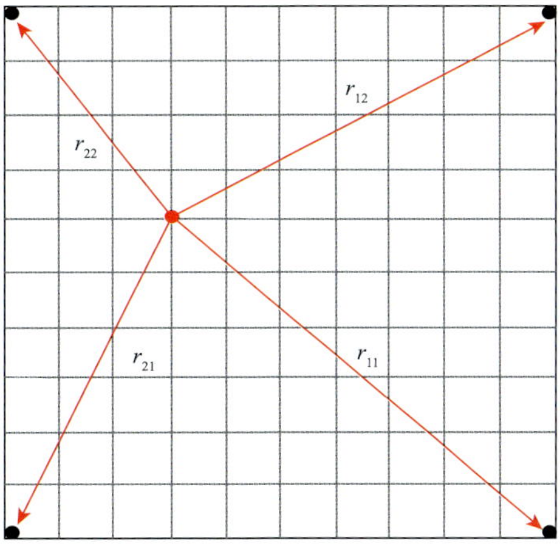

图 4.24　格点数据降尺度处理示意图

(2)时间降尺度方法

各数值预报模式按各自 500～925 hPa 平均相对湿度线性变化趋势分配精细时段内降水量。如 24 h 降水预报 R_{24} 分配到逐 3 h 得到 R_3 。

若 $R_{24}\leqslant 20$ mm，计算该 24 h 内相应模式 3 h 平均相对湿度≥70%的个数 n，若 $n\geqslant 3$，则按湿度比例赋值给相应 3 h；若 $n<3$，则降低湿度条件，直到满足湿度条件的个数 $n=3$，然后 R_{24} 赋值到相应 R_3 。

若$R_{24}>20$ mm，则要求该 24 h 内满足湿度条件的个数 $n\geqslant 4$。

计算公式为 $R_3=R_{24}\times\dfrac{\mathrm{RH}_3}{\sum\limits_{i=1}^{n}\mathrm{RH}_3}$，$\mathrm{RH}_3$ 为符合湿度条件情况下的湿度值，即不符合湿度条件的 3 h 不分配降水。

4.3.2.3　分级回归方法

分析长江流域降水特点，将 24 h 降水量分级，逐站点针对不同级别的降水量建立相应

的一元线性回归方程。

关系式为 $y_i = ax_i + b$，i 表示站点序号，a 和 b 为回归系数，x 为预报值，y 为观测值。训练期分两种，一种是以月份为固定训练期，一种是滑动训练期（30 d、60 d 或 90 d）。在训练期确定 a 和 b。当样本不足时，取 $a = 1$，$b = 0$，即 $y_i = x_i$。

4.3.2.4 分级频率匹配法

针对不同降水量级，逐站点计算在训练期内（$3N$ 天）24 h 出现该降水量级的频率 R，预报值Ⅱ＝预报值Ⅰ×R（$R \leqslant 1.5$）。

$$\text{某站点某量级频率 } R = \frac{\text{训练期内该站点实际出现该降水量级的次数}}{\text{训练期内预报该站点出现该降水量级的次数}}$$

如图 4.25 所示，样本序列滚动更新，始终为 $3N$ 天，从而增加模式最新资料的影响，保证了每个站点分级降水频率滚动更新。

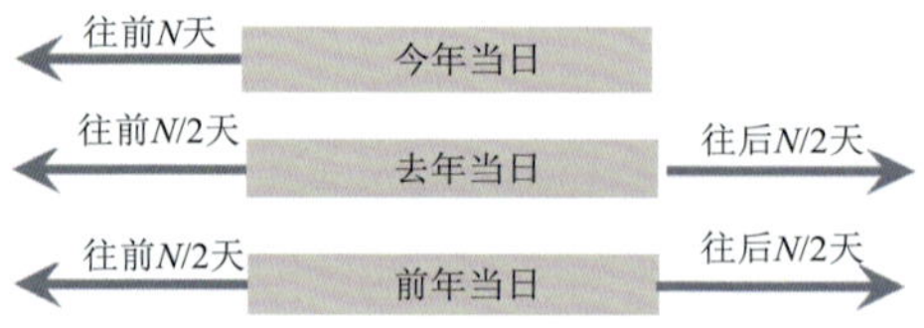

图 4.25　训练期选取示意图

4.3.2.5 模糊逻辑

模糊逻辑善于表达界限不清晰的定性知识与经验，它借助于隶属度函数概念，区分模糊集合，处理模糊关系，模拟人脑实施规则型推理。

采用的隶属函数是岭形分布。根据具体物理量和降水的关系确定隶属函数，若是正相关，则采取升半岭形分布，若是负相关，则采取降半岭形分布。每个物理量通过岭形分布公式赋值后，用等权重法建立各物理量与降水的概率公式，从而计算降水发生概率。

（1）升半岭形分布

$$f(x) = \begin{cases} 0, & x \leqslant a \\ \dfrac{1}{2} + \dfrac{1}{2}\sin\dfrac{\pi}{b-a}\left(x - \dfrac{b+a}{2}\right), & a < x < b \\ 1, & x \geqslant b \end{cases}$$

式中，a、b 为参数，可根据经验或常识以及他人研究成果设定数值；x 为跟降水相关的物理量。

（2）降半岭形分布

$$f(x) = \begin{cases} 1, & x \leqslant a \\ \dfrac{1}{2} - \dfrac{1}{2}\sin\dfrac{\pi}{b-a}\left(x - \dfrac{b+a}{2}\right), & a < x < b \\ 0, & x \geqslant b \end{cases}$$

（3）降水概率公式

$$Q_j = \frac{\sum_{j=1}^{15} f(x)_j \times W_j}{\sum_{j=1}^{15} W}$$

式中，W 为权重集，Q 为降水概率。

4.3.2.6　断面降水量的计算方法

站点雨量数据是一个点的雨量情况，而不是整个面的降雨量，需要进行转换。根据郁淑华(2001)、翟家瑞(1990)等关于面雨量等计算方法研究发现，采用等值线法计算方式最为接近实际，但计算方式复杂，而将站点资料转化为网格资料进行计算可以有效保证准确度，且计算方便。用网格插值法来进行面雨量或总体水量的计算比较准确，同时误差也比较小，适合广面积的监测。因此，断面降水量的计算方法采用网格插值法来进行操作，先将站点资料插值到网格点，再计算断面降水量。

(1)站点资料的网格插值法

通过站点资料获取各网格点降雨量常用的方法有滑动平均法、克立格法、距离平方倒数法等。而使用比较多的是距离平方倒数法。距离倒数法的具体操作步骤有四步，分别如下：

①建立直角坐标系，使整个流域处于第一象限内；

②假设任意网点 $H(i,j)$ 的降雨量可由周围 n 个站的降雨量确定；

③$H(i,j)$ 的降雨量与 n 个站点的降雨量数据成正比，与该点到雨量站的距离的平方成反比。网格点 $H(i,j)$ 周围每个雨量站的权重为 W_i，降雨量为 P_i，两个的换算公式分别如下：

$$W_i = 1/(d_i)^2$$

$$(d_i)^2 = (x_k - x_i)^2 + (y_k - y_i)^2$$

④对半径范围内的所有站点将其带入以上的公式得出权重以及降雨量，再将权重以及降雨量带入面降雨量的公式来进行计算，公式如下：

$$P_k = \sum W_i P_i$$

(2)断面降水量计算方法

断面降水量的研究需求源于水利部门所需的断面水量，由于气象部门不直接研究流域水量，而水库调度又迫切需要了解水量的变化，因此，将与水库调度相对不直观的面雨量向断面降水量进行延伸。

以三峡水库为研究对象，忽略地质、地下水等因素的影响，假设三峡水库集水区范围内降水全部汇集至水库，则该时段内的水库断面降水量即为该时段内集水区范围内的全部降水总量。

计算方法定义为：

断面降水量

$$V = \int_{i=1}^{n} R_i \times S_i$$

式中，R_i 为第 i 个格点降水预报值，S_i 为格点面积。

4.3.2.7 格点降水定量检验方法

(1)站点—格点降水预报检验

基于中国气象局气象考核站点降水实况，开展长江流域逐 24 h 的分级降水检验和累加降水检验。选择距离站点最近的格点预报作为站点预报值，有多个距离相等的格点取东北角格点，该站点预报值与站点实况对比进行降水检验。检验量为：TS 评分、漏报率、空报率、预报偏差。

(2)格点—格点降水预报邻域检验

基于中国气象局逐小时定量降水融合产品，进行格点对格点降水预报检验，包括降水分级检验和累加降水检验。格点—格点降水预报邻域法检验，即不对预报和观测空间严格匹配，而是依据预报格点为中心的一定范围内是否出现评定的事件的格点来评定该格点预报正确。划定 10 km 为扫描半径范围。检验量为：TS 评分、漏报率、空报率、预报偏差。

(3)降水分级检验和累加降水量级检验评定

将降水量分为小雨、中雨、大雨、暴雨、大暴雨、特大暴雨(表 4.9)，检验各级降水预报情况。

表 4.9 降水等级划分表

等级	24 h 降水量/mm
小雨	0.1～9.9
中雨	10.0～24.9
大雨	25.0～49.9
暴雨	50.0～99.9
大暴雨	100.0～249.9
特大暴雨	≥250.0

累加降水量级检验：24 h 降水检验对≥0.1 mm、≥10.0 mm、≥25.0 mm、≥50.0 mm、≥100.0 mm、≥250.0 mm 降水的预报情况。

检验指标包括 TS 评分、漏报率、空报率、预报偏差：

TS 评分：$TS_k = \dfrac{NA_k}{NA_k + NB_k + NC_k}$

漏报率：$PO_k = \dfrac{NC_k}{NA_k + NC_k}$

空报率：$FAR_k = \dfrac{NB_k}{NA_k + NB_k}$

预报偏差：$B_k = \dfrac{NA_k + NB_k}{NA_k + NC_k}$

式中，NA_k 为预报正确的站(次)数、NB_k 为空报站(次)数、NC_k 为漏报站(次)数。k 为 1～6，分别代表分级及累加各级降水(表 4.10、表 4.11)。

表 4.10 降水分级检验评定简表

实况	预报						
	小雨	中雨	大雨	暴雨	大暴雨	特大暴雨	无降水
小雨	A_1	B_2	B_3	B_4	B_5	B_6	C_1
中雨	C_2	A_2	B_3	B_4	B_5	B_6	C_2
大雨	C_3	C_3	A_3	B_4	B_5	B_6	C_3
暴雨	C_4	C_4	C_4	A_4	B_5	B_6	C_4
大暴雨	C_5	C_5	C_5	C_5	A_5	B_6	C_5
特大暴雨	C_6	C_6	C_6	C_6	C_6	A_6	C_6
无降水	B_1	B_2	B_3	B_4	B_5	B_6	—

表 4.11 累加降水量级检验评定简表

实况	预报						
	小雨	中雨	大雨	暴雨	大暴雨	特大暴	无降水
小雨	A_1	A_1B_2	$A_1B_2B_3$	$A_1B_2B_3B_4$	$A_1B_2B_3B_4B_5$	$A_1B_2B_3B_4B_5B_6$	C_1
中雨	A_1C_2	A_1A_2	$A_1A_2B_3$	$A_1A_2B_3B_4$	$A_1A_2B_3B_4B_5$	$A_1A_2B_3B_4B_5B_6$	C_1C_2
大雨	$A_1C_2C_3$	$A_1A_2C_3$	$A_1A_2A_3$	$A_1A_2A_3B_4$	$A_1A_2A_3B_4B_5$	$A_1A_2A_3B_4B_5B_6$	$C_1C_2C_3$
暴雨	$A_1C_2C_3C_4$	$A_1A_2C_3C_4$	$A_1A_2A_3C_4$	$A_1A_2A_3A_4$	$A_1A_2A_3A_4B_5$	$A_1A_2A_3A_4B_5B_6$	$C_1C_2C_3C_4$
大暴雨	$A_1C_2C_3C_4C_5$	$A_1A_2C_3C_4C_5$	$A_1A_2A_3C_4C_5$	$A_1A_2A_3A_4C_5$	$A_1A_2A_3A_4A_5$	$A_1A_2A_3A_4A_5B_6$	$C_1C_2C_3C_4C_5$
特大暴雨	$A_1C_2C_3C_4C_5C_6$	$A_1A_2C_3C_4C_5C_6$	$A_1A_2A_3C_4C_5C_6$	$A_1A_2A_3A_4C_5C_6$	$A_1A_2A_3A_4A_5C_6$	$A_1A_2A_3A_4A_5A_6$	$C_1C_2C_3C_4C_5C_6$
无降水	B_1	B_1B_2	$B_1B_2B_3$	$B_1B_2B_3B_4$	$B_1B_2B_3B_4B_5$	$B_1B_2B_3B_4B_5B_6$	—

4.3.2.8 强降水建档规则

依据国家气候中心等单位关于"区域性暴雨过程等级"研究成果，结合长江流域强降水天气特点，我们对长江流域强降水过程的判定作出如下规定。

暴雨日判定：采用国家气象观测站（基准站、基本站和一般站）资料，当某日有 20 个及以上的相邻站（站与站距离≤350 km）出现暴雨，计为一个区域性暴雨日。当日的相邻站点形成一个长江流域范围内的区域性暴雨站组。

暴雨过程判定：若当日的区域性暴雨站组与前一日的区域性暴雨站组的几何中心距离不超过 1050 km，则区域性暴雨过程持续，否则另计为一次长江流域范围的区域性暴雨过程。

4.3.2.9 降水预报落区及时间偏差分析规则

在分析降水预报落区及时间偏差中，考虑到一般天气尺度的天气系统影响范围在 500 km 以上，并细化开始结束时间，基于试验，对降水预报落区及时间偏差作出如下规定。

降水预报落区偏差分析：预报与实况经向、纬向偏差≤$|2°|$视为预报与实况一致；经向偏差≥$|2°|$视为预报偏东或偏西；纬向偏差≥$|2°|$则视为预报偏北或偏南。

开始和结束时间：在暴雨过程中，若暴雨过程开始日前后的逐 6 h 有 20 个及以上的相邻站（站与站距离≤350 km）出现 15 mm 以上降水，说明降水趋于发展，则定为降水过程开始时间；若暴雨过程结束日前后的逐 6 h 中 15 mm 以上降水的相邻站数小于 20 个时，说明降水趋于减弱，则定为降水过程结束时间。

开始或结束时间偏差分析：预报与实况偏差≤|6|h视为预报与实况一致，预报与实况偏差≥|6|h则视为预报偏早或偏晚。

4.3.3 长江流域短中期(0～10 d)模式释用技术

方案1：站点降水预报建模

采用站点建模的好处是气象观测站点降水实况资料稳定、可信度高，基于长时间序列的ECMWF模式降水预报产品，有利于寻找预报产品与实况之间的关系，训练建模，并不断回算检验，从而不断逼近实况。

采用距离权重法(格点插值到站点)，将ECMWF模式降水预报结果插值到和实况资料一致的站点上(长江流域723个国家站)。

采用分级回归法，结合长江流域降水特点，将24 h降水量分级，建立各站点不同降水量级的24 h回归方程。降水量分成4级($0<x\leqslant1$、$1<x<5$、$5\leqslant x<20$、$x\geqslant20$)，采用90 d滑动训练期，通过历史回算检验结果，不断调试站点回归模型。在滑动训练期内，通过分级频率匹配法计算流域内所有国家站点分级降水频率，代入站点回归模型，完成站点降水预报建模。

通过时间降尺度技术，将站点降水预报转换到精细时段，时间分辨率为0～72 h逐3 h间隔，72～168 h逐12 h间隔。

通过空间降尺度——修正的距离权重法，将站点降水预报插值到格点，得到精细化网格降水预报，空间分辨率为5 km。

方案2：多因子精细分区预报最优集成(MDI)

空间降尺度。基于欧洲、日本、NCEP、GRAPES-GFS、GERMAN和中尺度模式(WRF-9 km、WARMSv2.0、GRAPES-MESO、GRAPES-3 km)等模式降水资料以及EC集合预报50 mm以上概率预报产品，采用格点—格点的空间内插方法，将各个模式不同分辨率的资料统一到5 km×5 km细网格上，生成长江流域短中期(0～10 d)客观精细化网格降水预报产品。

分区建立预报方案。结合气候差异和地形特点，在现有长江流域39个分区的基础上，细分成43个区域(图4.26)，基于GRAPES-GFS、ECMWF、NCEP、GERMAN、GRAPES-MESO、WRF-9 km、WARMSv2.0、GRAPES-MESO、GRAPES-3 km等多家数值模式降水预报产品，对不同分区、不同时效(0～168 h逐12 h，168～240 h逐24 h)、不同量级降水(小雨、中雨、大雨、暴雨)、分检验期(2周、3周、4周、5周)进行实时动态检验。通过计算检验时段内，各模式在各分区、各分级降水的TS评分，从而按评分高低得到各模式在各分区、分级降水的预报性能排序。若某分区前期所有模式分级降水TS评分为0或前期没有出现相应等级降水实况，则以2018年汛期(5—9月)各模式的分级降水TS评分进行排序。

“邻域择优法”和“点对点择优法”的应用。研究表明，ECMWF模式在长江上游流域的降水预报在落区上存在偏差，GRAPES-GFS存在对对流性降水预报较实况偏北或对主雨带南侧暖区降水预报不足的偏差特征。如图4.27所示，实际暴雨落区发生在红色区域的可能性较大，但若严苛地点对点比较模式1和模式2预报的暴雨落区，则易漏掉暴雨重要信号。

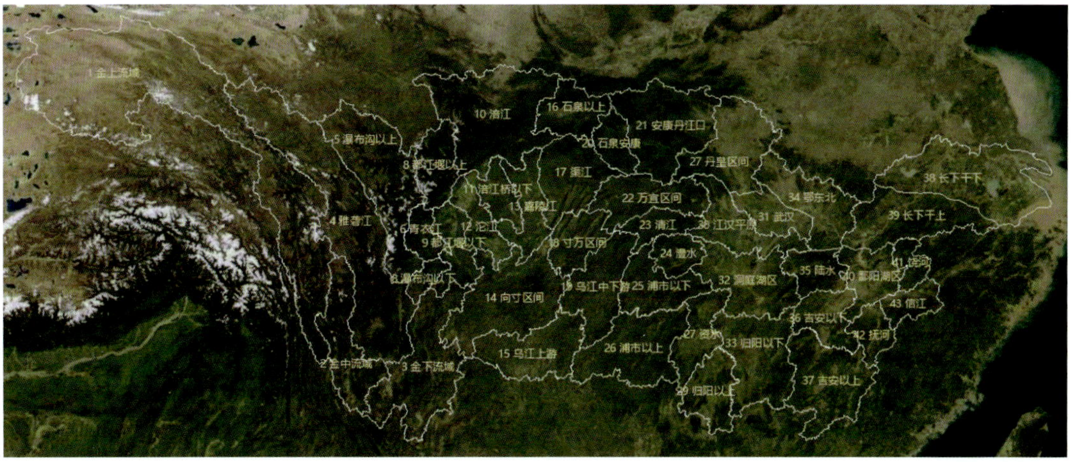

图 4.26 动态检验 43 个区域分布图

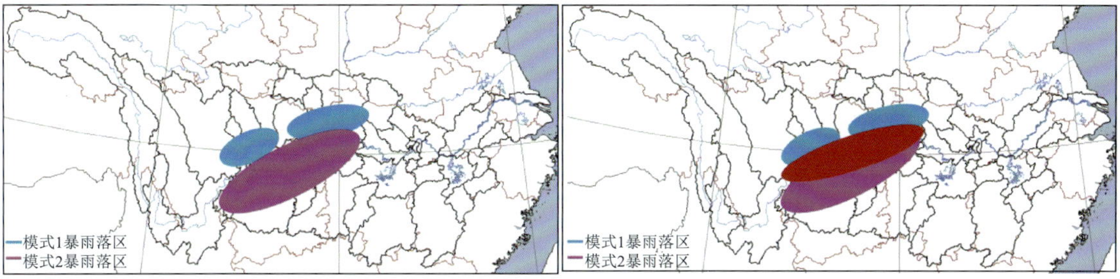

图 4.27 模式 1(蓝色)和模式 2(紫色)预报暴雨落区及易发生暴雨落区(红色)的示意图

本研究对大雨及以上量级采用“邻域择优法”,以期有效保留各模式的强降雨信息。以图 4.28 为例,假设该预报格点所在分区、暴雨量级的模式性能排序前三的为模式 1、模式 2、模式 3。对该格点周围 5 km 范围内进行搜索,若排序前三模式中超过两个预报暴雨,则认为该格点为暴雨量级,并在两个预报暴雨的模式中采信预报性能排序最前、距离该格点最近的模式暴雨值进行赋值。

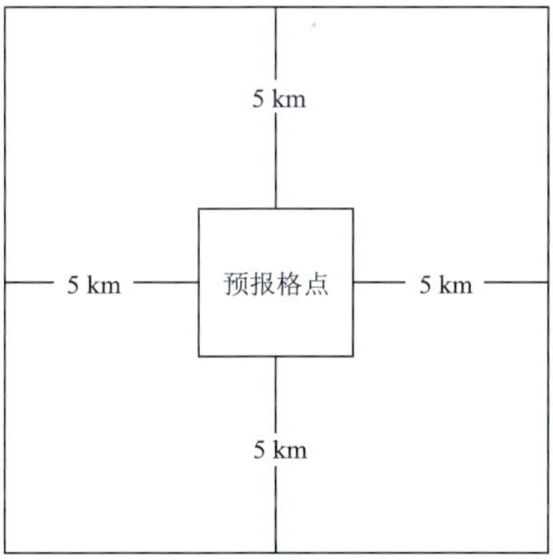

图 4.28 邻域择优法示意图

但对中雨、小雨量级，若采用“邻域择优法”则会增加空报率，因此采用“点对点择优法”。

最优集成思路。最优集成思路如图 4.29 所示，当对某一格点 12～24 h 降水量进行赋值时，首先判断其所属分区、12～24 h 的前期暴雨最优模式排序，假设排序前三的模式依次为模式 1、模式 2 和模式 3，且该格点周围 5 km 范围内模式 2 和模式 3 预报该时效有 50 mm 以上的降水，则认为该格点该时效为暴雨量级。由于模式 2 的预报性能优于模式 3，因此采用距离该格点最近的模式 2 暴雨值给该格点赋值。

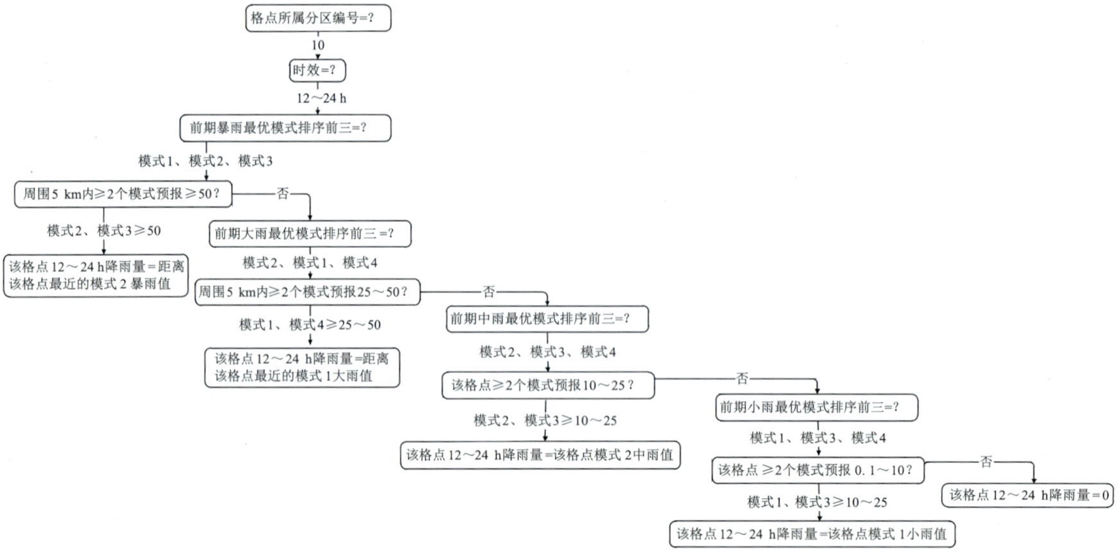

图 4.29 最优集成思路示意图

若该格点周围 5 km 范围内、排序前三的模式中≤1 个模式预报该时效暴雨，则认为该格点为暴雨以下量级。假设其所属分区、12～24 h 的前期大雨最优模式排序为模式 1、模式 2 和模式 4，则寻找该格点周围 5 km 内是否有≥2 个模式预报大雨，若模式 1 和模式 4 预报大雨，则给该格点赋值为距离该格点最近的模式 1 大雨值。若≤1 个模式预报大雨，则继续判断该格点是否有≥2 个模式预报中雨，若≤1 个模式预报中雨，则判断该格点是否有≥2 个模式预报小雨，若≤1 个模式预报小雨，则认为该格点无雨。由此获得的 0～240 h 最优降水预报场称为 MDI(Model Dynamic Integration)，以预报日前 14 d、前 21 d、前 28 d、前 35 d 作为检验时段进行模式性能排序产生的最优降水预报场分别称为 MDI-14、MDI-21、MDI-28、MDI-35。

4.3.4 长江流域短中期(0～10 d)精细化网格降水预报试验效果评估

2018 年，采用了模式释用技术方案 1——分级回归法，生成客观预报产品 1，5—9 月检验结果见图 4.30。

2019 年，采用了模式释用技术方案 2——多因子精细分区法，生成客观预报产品 2(MDI)，反算 2018 年 5—9 月检验结果见图 4.31。比较发现，多因子精细分区法比分级回归法有很大改进，小雨、中雨、大雨、暴雨和大暴雨的 TS 评分均优于分级回归法。

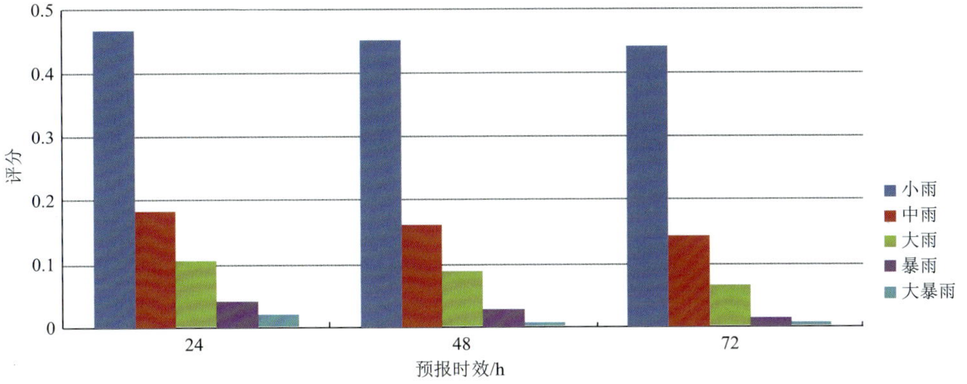

图 4.30　2018 年 5—9 月客观方案 1 预报产品的 3 d 分级降水 TS 评分

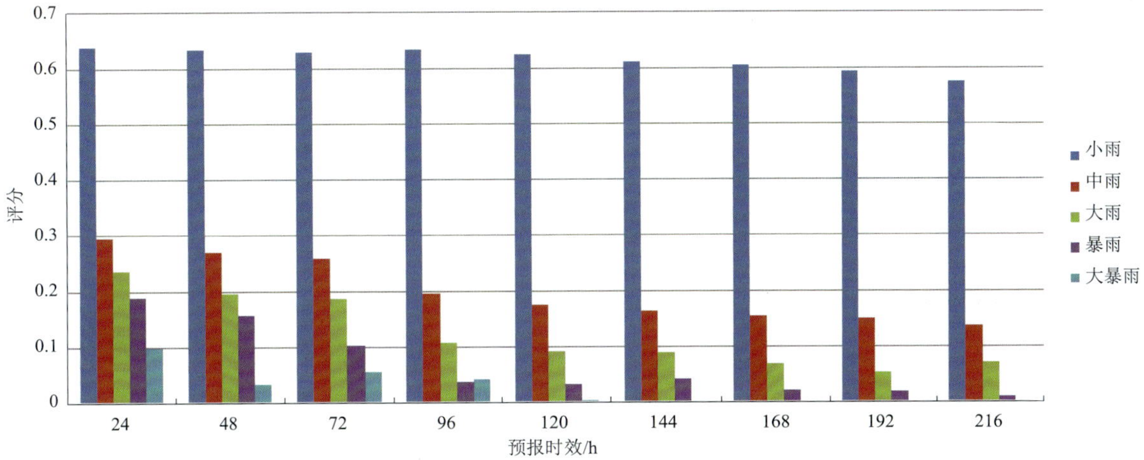

图 4.31　2018 年 5—9 月客观方案 2 预报产品(MDI)的 10 d 分级降水 TS 评分

针对 2019 年长江流域 14 个典型强降水过程，统计 EC、NCEP、GRAPES-MESO、GRAPES-GFS 和 MDI 产品预报的断面降水量与实况相比的绝对误差(表 4.12、图 4.32)。可以看出，平均绝对误差值最小的是 EC 模式，其次是 MDI 产品。

表 4.12　2019 年典型强降水过程各模式断面降水量预报绝对误差

单位：mm

绝对误差	EC	NCEP	GRAPES-MESO	GRAPES-GFS	MDI
最大值	6.21	7.59	7.18	9.42	7.94
最小值	2.29	3.35	3.36	3.16	2.69
平均值	4.19	5.28	5.27	5.51	4.93

4.3.5　长江流域短中期(0～10 d)精细化降水网格预报产品实时检验

(1)实时定量检验

分别采用站点—格点、格点—格点降水预报检验方法，进行降水分级检验和累加降水检验。检验量为：TS 评分、漏报率、空报率、预报偏差。

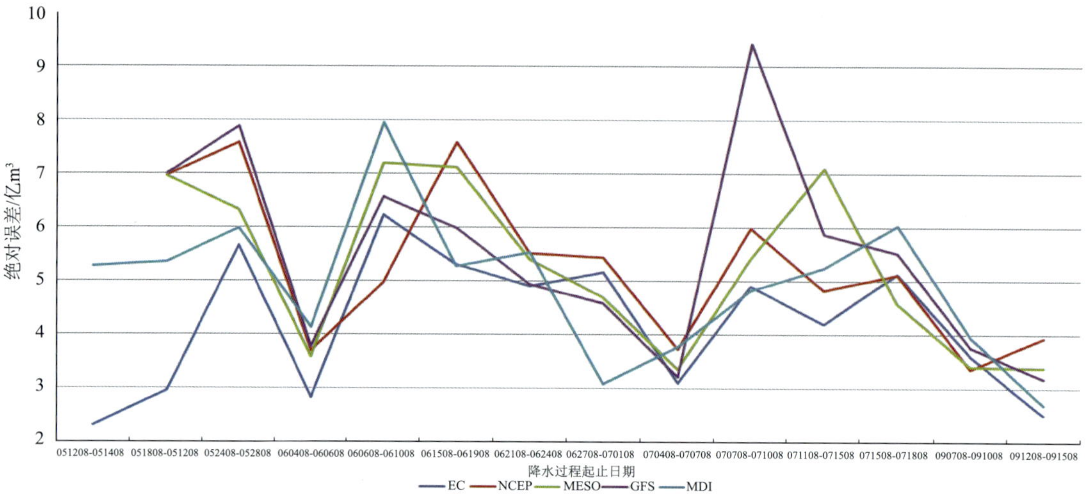

图 4.32 2019 年长江流域 14 个典型强降水过程断面降水量的绝对误差

（2）不定时强降水过程检验

当降水达到强降水建档规则时，启动强降水过程建档检验。包括典型强降水过程的开始、结束时间、中心位置的实况和预报，包括针对该过程不同数值模式降尺度产品及模式释用产品的 TS 评分、漏报率和空报率，包括定性分析评估。

①具体步骤

第一步：系统设置强降水过程检验文档模板，按内容区分模块。

第二步：根据强降水建档规则，自动判断识别典型强降水过程开始、结束时间，中心位置，形成模块 1 内容。

第三步：针对典型强降水过程，自动绘制长江流域雨量实况图，形成模块 2 内容。

第四步：针对典型强降水过程，自动识别不同数值模式及模式释用产品预报降水过程的开始、结束时间，中心位置，形成模块 3 内容。

第五步：针对典型强降水过程，绘制各模式及模式释用产品的长江流域雨量预报图，形成模块 4 内容。

第六步：针对典型强降水过程，采用站点—格点降水预报检验方法，自动计算不同数值模式及模式释用产品的 TS 评分、漏报率和空报率，形成模块 5 内容。

第七步：预报员在分析上述检验结果后，对不同模式及模式释用产品间差异、优势、降水预报落区和时间偏差以及模式适用性进行分析评估，研究对长江流域降水预报产品进行量级订正、区域订正的思路，形成模块 6 内容。

第八步：强降水过程检验文档生成。

②图片形式

过程降水量：针对强降水过程个例，绘制过程降水量实况色斑图（图 4.33）。

模式与实况对比：针对降水过程个例，绘制雨量实况与数值模式降水预报对比图（图 4.34、图 4.35）。雨量实况时段为当日 08 时—次日 08 时、08—14 时、14—20 时、20 时—

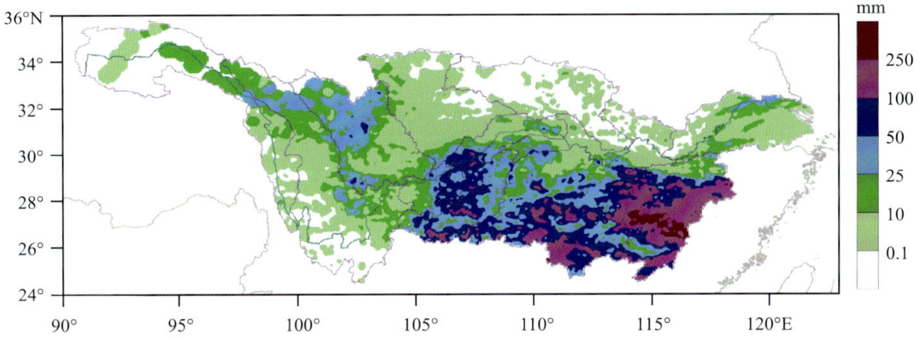

图 4.33 过程降水量实况色斑图

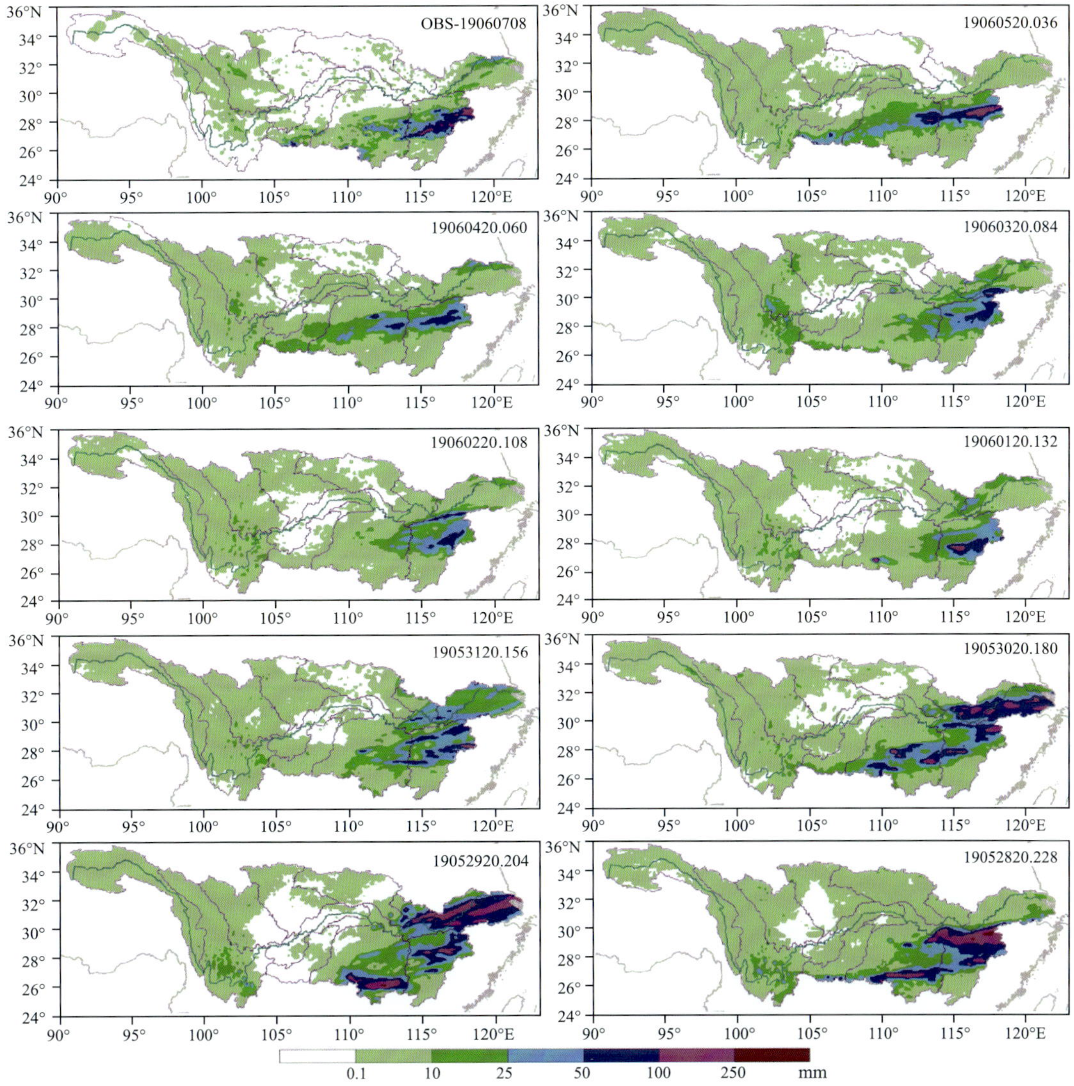

图 4.34 逐 24 h EC 细网格预报与实况对比(OBS 为实况，其余为预报，下同)

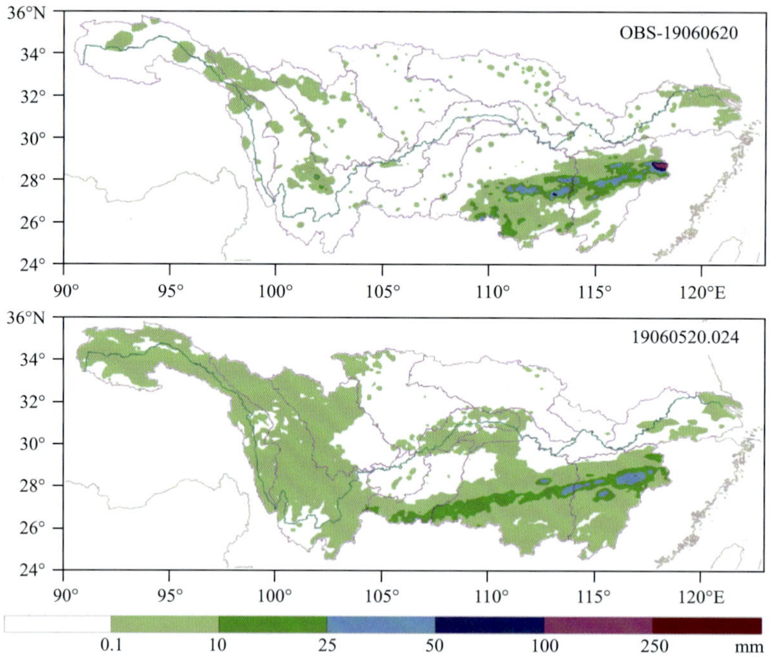

图 4.35 逐 6 h EC 细网格预报与实况对比

次日 02 时、02—08 时，对应的数值模式预报时段为前一日 20 时预报 12～36 h、36～60 h、60～84 h、84～108 h、108～132 h、132～156 h、156～180 h、180～204 h、204～228 h、12～18 h、18～24 h、24～30 h、30～36 h。其中中尺度模式 GRAPES-MESO 预报时段为前一日 20 时预报 12～18 h、18～24 h、24～30 h、30～36 h、12～36 h、36～60 h、60～84 h。

降水图显示范围：90°—123°E，24°—36°N。显示长江流域边界及 10 个子流域边界，且边界图层在色斑图层上层。降水均用色斑图显示，其中标注“OBS”为雨量实况，其余为降水预报。

4.4 电站水库突发洪水气象风险预警

4.4.1 融合实况技术方法

4.4.1.1 技术路线

高分辨率、高质量的降水资料是水文监测预报的基础，不仅可以用来检验现代高分辨率数值天气预报模式，以提高精细化天气预报水平，亦在监测中小尺度极端降水事件以及由此引发的山洪、山体滑坡、泥石流等防灾减灾工作中发挥重要作用。为满足现代化灾害性天气预报科研和业务的需求，利用 2017 年长江流域雷达、723 个国家级雨量站及部分区域站数据，基于雷达-雨量计实时同步结合方法，建立逐时更新的积分型 *Z-R* 关系式，开展长江流域实况降水的估算试验。

同时，依据定量降水估测质量检验办法，采用靠近法，针对 2018 年长江流域 8 次降水过程，对研发的长江流域实况降水的估算结果及中国气象局研发的降水融合实况分析产品分别进行检验评估，得到可供业务参考的检验报告，最终建立长江流域精细化实况降水估算产品（图 4.36）。

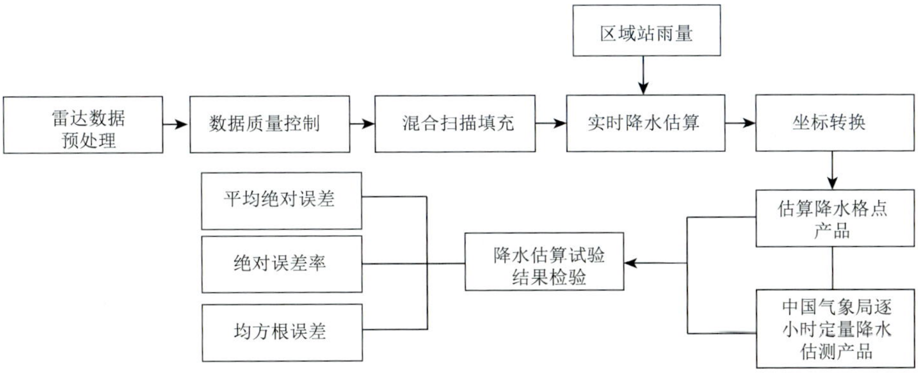

图 4.36　长江流域精细化实况降水估算技术路线图

4.4.1.2　雷达数据质量控制方法

（1）孤立噪声过滤

受雷达硬件工作状态或外来干扰影响，原始反射率因子记录常含有噪声，噪声回波一般呈孤立分布。通过计算一定区域内有效反射率因子库所占的数量比例，见式 $P_x = N_x/(N_g N_b)$，式中，x 表示给定的原始资料反射率因子距离库，N_g、N_b 分别为以 x 为中心的扇形窗口的径向库数和方位数，N_x 为该窗口内有效反射率因子的库数，P_x 为窗口中有效反射率因子库数所占的百分比，如 P_x 小于某一阈值就视为噪声回波而剔除。

降水回波边缘由于 P_x 较小可能被识别为噪声，其中左边缘可采用回填方法（如一个反射率因子库识别为非噪声，则以该库为中心的扇形窗口内的所有库均为非噪声）恢复其初始值，但仍无法解决右边缘的错误识别，使得右边缘范围有所缩小。因此，在沿顺时针方向搜索噪声的基础上，增加了沿逆时针方向的噪声搜索，只有在双向搜索过程中反射率因子库同时被识别为噪声才认为是真实的孤立噪声，从而避免对降水边缘回报的错误剔除现象。

（2）超折射回波抑制

使用反射率因子水平纹理 T_{dBZ}、反射率因子垂直梯度 V_{dBZ}、库间变率 S_{pin}、平均径向速度 M_{dve}、平均谱宽 M_{dsw} 共 5 个回波特征量作为候选识别因子。

$$T_{\mathrm{dBZ}} = \left[\sum_{i=1}^{N_{\mathrm{b}}}\sum_{j=2}^{N_{\mathrm{g}}}(Z_{i,j} - Z_{i,j-1})^2\right]/C$$

$$V_{\mathrm{dBZ}} = (Z - Z_R)/(H_{\mathrm{R}} - H)$$

$$S_{\mathrm{pin}} = \left[\sum_{i=1}^{N_{\mathrm{b}}}\sum_{j=2}^{N_{\mathrm{g}}} MS_{\mathrm{pin}}\right]/C$$

其中
$$MS_{\mathrm{pin}} = \begin{cases} 1 & |Z_{i,j} - Z_{i,j-1}| > Z_{\mathrm{thresh}} \text{ 且 } S_{i,j} \neq S_{i,j-1} \\ 0 & |Z_{i,j} - Z_{i,j-1}| \leqslant Z_{\mathrm{thresh}} \text{ 或 } S_{i,j} = S_{i,j-1} \end{cases}$$

$$S_{i,j}=\begin{cases}1 & Z_{i,j}\geqslant Z_{i,j-1}\\0 & Z_{i,j}<Z_{i,j-1}\end{cases}$$

$$M_{\mathrm{dve}}=\Big[\sum_{i=1}^{N_b}\sum_{j=1}^{N_g}V(i,j)\Big]/C$$

$$M_{\mathrm{dsw}}=\Big[\sum_{i=1}^{N_b}\sum_{j=1}^{N_g}SW(i,j)\Big]/C$$

式中，N_g 和 N_b 分别为以反射率因子库为中心的扇形窗口的距离库数和方位数，C 为扇形窗口内有效反射率因子的个数，Z 单位为 dBZ，T_{dBZ} 单位为dBZ^2，V_{dBZ} 单位为 dBZ/km，M_{dve} 和 M_{dsw} 单位为 m/s。反射率因子垂直梯度中，H_R 表示参照层高度(2.8～4.5 km)，Z_R 表示参照层高度对应的反射率因子，要求 H_R 大于回波高度 H。

利用隶属函数对各识别因子进行模糊化处理，并对模糊值权重求和得到识别指数 I_{API}。

$$I_{\mathrm{API}}=\sum_{i=1}^{n}W_i f_i/\sum_{i=1}^{n}W_i$$

式中，I_{API} 取值范围为[0,1]，0 表示回波为 AP 的可能性很小，1 表示可能性很大，f_i 为识别因子模糊值，W_i 为权重值，n 为因子个数。如 $I_{\mathrm{API}}\geqslant$ 阈值则识别为 AP 回波，反之为气象回波。

4.4.1.3 雷达和雨量计的实时同步结合方法

雷达一雨量计实时同步的实况降水估算研究主要基于准同雨团样本概念雷达和雨量计的实时同步结合方法(RASIM 方法)，该方法在准同雨团样本和固定指数条件下应用雷达和雨量计小时累积量的幂律关系 $Z_{\mathrm{OH}}-Q_G$，构建雷达-雨量计实时同步结合估算小时降水量。

(1)雨团样本定义

被雷达所观测到的悬浮在大气中具有某一物理属性(反射率因子 Z)和运动特性(下落速度 ω 和水平速度 v)的雨滴集合群体称为雨团样本。

(2)准同雨团样本及其采样

雨滴谱方法是在地面采集到若干个雨滴谱样本来构建 Z-R 关系，可称为同雨团样本采样。当雷达在空中、雨量计在地面测量时，显然难以做到同雨团样本采样。若用一定的技术方法，使雷达采集到的雨团样本(Z)与雨量计测量样本(G)具有一定和内在的物理联系，此时称这两种样本为准同雨团样本，将这种采样方式称为准同雨团样本采样。

在准同雨团样本采样的基础上，利用固定指数所带来的优越性，研究建立 Z-G 小时累积量的幂律关系。

①单站的 Z_B-Q_G 关系

$$\int_0^T Z(x_G-r,H,t-\tau)\,\mathrm{d}t\xrightarrow{M}\int_0^T R(x_G,0,t)\,\mathrm{d}t$$

解出 $R(x_G,0,t)$后对时间 T 积分，并引入固定 b_f 和准雨团的时间垂直积分采样技术，于是有

$$Q_G=\int_0^T R_G(x_G,0,t)\,\mathrm{d}t=A_B^{-\frac{1}{b_f}}\int_0^T z^{\frac{1}{b_f}}(x_G,H,t)\,\mathrm{d}t$$

将上式中的坐标符号都省略，于是积分型的 Z_B-Q_G 关系即 R-G 累积量之间的关系为

$$Q_G = A_B^{-\frac{1}{b_f}} \times Z_B^{\frac{1}{b_f}}$$

②区域的 Z_{BS}-Q_{GS}关系

$$Q_{RB}(x,y) = A_{BS}^{-\frac{1}{b_f}} \times Z_B^{\frac{1}{b_f}}(x,y)$$

是以雨量站为单位的 Z_B-Q_G 关系，现对其在降水区域 S 进行面积分，并引入 ABS 为适合区域的待定系数，则有：

$$\iint_s Q_G \, ds = A_{BS}^{-\frac{1}{b_f}} \iint_s Z_B^{\frac{1}{b_f}} \, ds$$

将上述式中积分转换为离散求和，各离散雨量计小时测量为 Q_{Gi}，区域内所有雨量站测量之和为 Q_{Gs}，对应各雨量站点的雷达小时测量为 Z_{Bi}，则有：

$$Q_{GS} = A_{BS}^{-\frac{1}{b_f}} \times Z_{BS}^{\frac{1}{b_f}}$$

式中，$A_{BS} = \left[\dfrac{\sum_{i=1}^{N} Z_{Bi}^{\frac{1}{b_f}}}{\sum_{i=1}^{N} Q_{Gi}}\right]^{b_f}$，$Z_{BS} = [\sum_{i=1}^{N} Z_{Bi}^{\frac{1}{b_f}}]^{b_f}$，$N$ 为区域内 S 内的雨量站数，A_{BS} 是代表区域 Z_{BS} - Q_{GS} 关系的系数。

经过气象业务应用和检验评估，基于准同雨团样本采样概念，构建雷达采样和雨量计采样之间的降水估算关系式 Z-G（类同 Z-R），其操作简便，并具有重要的业务应用价值。

4.4.1.4 统计分析方法

我们依据《定量降水估测（QPE）质量检验办法》，对 2018 年 8 次降水过程进行评估，检验方法如下：

①只对雨量站小时降水量≥0.5 mm 的定量降水估算质量进行检验；

②只对雨量站周边一定范围内的格点降水估算值进行检验；

③为减少因坐标转换等带来的计算误差，采用最优法选取用于评估的雷达估算降水值，即在雨量站对应位置周围 4 个点（含该点）选取与雨量计测量值绝对误差最小的数值作为该点雷达估算的降水值；

④根据雨量站小时降水量的大小，分 0.5 mm≤G_i≤4.9 mm、5.0 mm≤G_i≤19.9 mm、20 mm≤G_i≤29.9 mm、30 mm≤G_i≤39.9 mm、40 mm≤G_i≤49.9 mm、G_i≥50 mm 以及 20 mm≤G_i≤49.9 mm 等不同降水量级分别检验降水估算质量。

定量降水估算质量检验主要是对降水估算与相应时刻雨量站实况观测的量值误差差值进行检验。检验指标如下。

①平均误差（ME）

$$\mathrm{ME} = \frac{1}{N}\sum_{i=1}^{N}(R_i - G_i)$$

②平均绝对误差（MAE）

$$\mathrm{MAE} = \frac{1}{N}\sum_{i=1}^{N}|R_i - G_i|$$

③平均绝对误差率(MAER)

$$\mathrm{MAER}=\frac{1}{N}\sum_{i=1}^{N}\frac{|R_i-G_i|}{G_i}$$

④均方根误差(RMSE)

$$\mathrm{RMSE}=\sqrt{\frac{1}{N}\sum_{i=1}^{N}(R_i-G_i)^2}$$

式中,G_i为雨量站 1 h 累积雨量,R_i为 1 h 降水估算值,N为参与评估的雨量站总站数。

4.4.1.5 开展精细化实况降水估算试验

利用 2017 年 10 次降水过程雷达及降水数据,对长江流域开展雷达降水估算方法试验,主要包括雷达基数据收集和预处理以及雨量估算产品计算两部分。首先,需要通过获取长江流域 84 部雷达站的 CINRAD 雷达基数据;然后,进行雷达基数据解读和预处理;最后,采用合适的方案进行整个流域的降水量估算。

(1)雷达数据预处理

为解决不同生产厂家采用的基数据格式有所差异(如 SA 与 CC、SA 与 SC 型雷达原始基数据格式不同),为避免针对不同格式的雷达资料重复开发统一客观算法,需建立统一的雷达资料存储格式,因此统一以中国气象局气象探测中心指定的新一代天气雷达数据格式规范(RD20)作为标准格式。雷达数据预处理主要功能包括判断雷达型号,读取原始雷达资料,进行查错处理后转换为 RD20 格式(图 4.37)。RD20 格式仍采用极坐标存放基数据,扫描层数不变,通过对原始记录插值将每条径向记录的方位角转换为整数,径向记录的方位间隔为 1°,从正北开始按顺时针方向依次存放。由于雷达工作不正常可能造成原始基数据中包含病态及错误记录,且出错现象的不可预知性使得这些记录成为影响程序正常运行的隐患,事实上质量控制程序运行崩溃大多出现在基数据预处理过程中,因此查错处理主要包括逐条径向记录检测、同一仰角扫描层的重复出现检测、异常仰角检测等。此外,删除 RD20 数据中无效扫描层,采用线性插值法填补缺失径向记录。

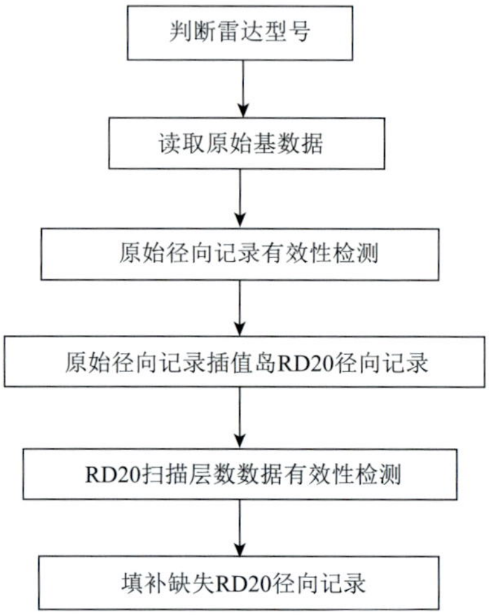

图 4.37 雷达基数据预处理流程

(1)雷达数据质量控制

①孤立噪声过滤。

计算窗口中有效反射率因子库数所占的百分比 $P_x = N_x/(N_g N_b)$ 。式中,x 表示给定的原始资料反射率因子距离库,N_g、N_b 分别为以 x 为中心的扇形窗口的径向库数和方位数,采用双向搜索法过滤掉孤立噪声回波。设定 P_x 小于 65%阈值时,该点视为噪声回波而剔除。

②超折射回波抑制。

计算反射率因子水平纹理 T_{dBZ}、反射率因子垂直梯度 V_{dBZ}、库间变率 S_{pin}、平均径向速度 M_{dve}、平均谱宽 M_{dsw} 共 5 个回波特征量,采用模糊逻辑法抑制非降水回波。主要参数如表 4.13 所示。由于 AP 回波一般出现在低仰角扫描层,因此只对最低 3 层反射率因子进行 AP 抑制,同时为避免上层 AP 回波对计算 V_{dBZ} 因子的影响,AP 抑制从高仰角向低仰角依次进行。根据 AP 回波与雷达的距离采用不同抑制方法,如距离小于 50 km 或大于 150 km,则用无回波代替,反之使用邻近回波填充,即先使用高仰角气象回波填充,如高层无气象回波则使用同一仰角中邻近气象回波填充。AP 回波抑制结束后,再次使用噪声过滤算法滤掉未识别出的残留 AP 回波。

表 4.13　反射率因子质量控制主要配置参数表

	参数类型	参数名称	默认值
1	雷达站	雷达站名、雷达站代码、雷达经度\纬度\高度、雷达型号	对各雷达站设定相应参数
2	噪声抑制	噪声抑制_窗口方位数	5
		噪声抑制_窗口距离库数	7
		噪声抑制_气象回波格点百分数	65
3	T_{dBZ}	纹理参数_窗口方位数	3
		纹理参数_窗口距离库数	9
		纹理参数_反射率因子最低阈值	5 dBZ
4	S_{pin}	SPIN_窗口方位数	3
		SPIN_窗口距离库数	9
		SPIN_库间反射率因子脉动最低阈值	2 dBZ
5	V_{dBZ}	垂直梯度_参考层最低高度	2800 m
		垂直梯度_参考层最大高度	4500 m
6	M_{dve}\M_{dsw}	速度和谱宽_窗口方位数	3
		速度和谱宽_窗口距离库数	11
7	AP 识别	API 阈值	0.6

(3)雷达定量降水累积量估算

降水估测方法采用雷达和雨量计的实时同步结合方法 RASIM,采用时间积分垂直同步采样,在无风和弱风条件下也可得到大部分的同雨团样本,可称为雷达和雨量计的积分对应或准有理对应。RASIM 在固定指数 b_f 基础上,将"小时等效反射率因子 Z_B"和相应的雨量

计采样 Q_G（mm）直接对应构成具有幂律形式的 Z_B-Q_G 关系，做到了转换和调整的合二为一。下面我们进一步提出 4 种 RASIM 式的降水估算方程，并对 2017 年 10 次过程进行试验，最终建立雷达定量降水累积量估算方法。

①单站云雨转换方程及转换系数

首先，将 R-G 的空-地对应关系做一个概念代换。若把雷达在空中探测的降水粒子看作云，那么就可以把空-地对应 Z_B-Q_G 关系称为云雨的对应关系或云雨转换方程。虽然这种概念代换对于大气物理中云和雨滴的区分是不严格的，但本研究的目的仅仅是为了便于表述而已。需要强调的是，本研究所研究的对象是指云雨 1 h 累积量的转换方程和转换系数。

以 A_B 为云雨转换系数的单站云雨转换方程如下。

若雷达覆盖区域内有 N 个雨量站点，对于第 i 个站点（x，y）处 T_j 时次内存在有 R-G 的垂直空-地积分对应关系：

$$Z_{Bi} = A_{Bi} \times Q_{Gi}^{b_f} \text{ 或 } Q_{Gi} = A_{Bi}^{-\frac{1}{b_f}} \times Z_{Bi}^{\frac{1}{b_f}}\text{，其中 } Z_{Bi} = \left(\int_0^{T_j} Z_i^{\frac{1}{b_f}} \mathrm{d}t\right)^{b_f}$$

本研究特称为单站云雨累积量转换方程，其中的 A_{Bi} 就称为单站云雨转换系数。式中 Q_{Gi} 表示第 i 个雨量站 T_j 时次 1 h 内的地面降水累积量，而 Z_i 和 Z_{Bi} 则分别表示在该雨量站上 H 高度处雷达采样层的瞬时雷达反射率因子和 1 h 内相应的累积量（小时等效反射率因子），b_f 为固定指数（下同）。

在上式中求出 A_{Bi} 并且标以时空坐标，于是就有：

$$A_{Bi}(x,y,T_j) = \frac{Z_{Bi}(x,y,H,T_j)}{Q_{Gi}^{b_f}(x,y,0,T_j)} \quad (i = 1,2,\cdots,N;j = 1,2,\cdots,M)$$

由上式可见 A_{Bi} 是时空的函数，在区域 S 内是随地点及时次而变化的，具有强烈的天气属性，与经典 Z-R 关系中系数 A 所具有气候特征是明显不同的。A_{Bi} 的物理意义表示了云雨转换的能力，即表示了空中一定量的 Z_{Bi} 可转换成多少的地面降水 Q_{Gi}。当 A_{Bi} 值较小时，表示具有较强降水效率的天气特征，此时说明在空中 Z_{Bi} 为一定量条件下可能转换成地面较大降水 Q_{Gi}；反之，表示具有较弱降水效率的天气特征，即较大的 Z_{Bi} 只会换来地面较小的雨量。

以 A_M 为云雨转换系数的单站云雨转换方程如下。

在 T_j 时次的 1 h 内，取第 i 个雨量站点处 Q_{Gi} 直接与其垂直对应的反射率因子 Z 平均值 Z_{Mi} 构成幂律关系：

$$Z_{Mi} = A_{Mi} \times Q_{Gi}^{b_f} \text{ 或 } Q_{Gi} = A_{Mi}^{-\frac{1}{b_f}} \times Z_{Mi}^{\frac{1}{b_f}}\text{，其中 } Z_{Mi} = \frac{1}{T} \times \int_0^{T_j} Z_i \mathrm{d}t$$

这也是单站云雨转换方程，其中 A_{Mi} 同样称为单站云雨转换系数，A_{Bi} 和 A_{Mi} 一般是不相等的，但是两者所赋予的物理意义基本相同。

②区域云雨转换公共系数

在雷达有效探测区域 S 内与 T_j 时次形成一个 $\{A_{Bi}\}_S$ 或 $\{A_{Mi}\}_S$ 的数据集合体，一般各个 A_{Bi}（A_{Mi}）不尽相同，与自然界中降水具有很大的时一空变率相关，为各种降水天气系统的尺度、种类和部位以及所处地理环境等综合影响所致。从 $\{A_{\mathrm{B}i}\}_S$ 和 $\{A_{\mathrm{M}i}\}_S$ 的集合体中，需要研究的是代表区域天气总体共性的区域公共系数；区域内 $\{A_{\mathrm{B}i}\}_S$ 和 $\{A_{\mathrm{M}i}\}_S$ 数据的离散和聚合状态。

A_{B} 类型的区域云雨转换公共系数如下。

$\{A_{\mathrm{B}i}\}_S$ 集合的第一个统计代表值是 $A_{\mathrm{B}i}$ 的算术平均值 $\overline{A_{\mathrm{B}}}$，是 A_{B} 类型的第一个区域云雨转换公共系数，表达如下：

$$\overline{A_{\mathrm{B}}} = \frac{1}{N} \times \sum_{i=1}^{N} A_{\mathrm{B}i}$$

A_{B} 类型的第二个区域云雨转换公共系数 A_{BS} 是对前式在 S 区域内进行面积分得到的。考虑到 S 区域内实际上存在 N 个离散雨量站，不妨将理想的面积分转换为离散求和，经过一系列推导得到：

$$A_{\mathrm{BS}}(T_j) = \left[\sum_{i=1}^{N} Z_{\mathrm{B}i}^{\frac{1}{b_{\mathrm{f}}}} / \sum_{i=1}^{N} Q_{\mathrm{G}i}\right]^{b_{\mathrm{f}}} \text{或} A_{\mathrm{BS}}^{\frac{1}{b_{\mathrm{f}}}}(T_j) - \sum_{i=1}^{N} A_{\mathrm{B}i}^{\frac{1}{b_{\mathrm{f}}}} \times Q_{\mathrm{G}i} / \sum_{i=1}^{N} Q_{\mathrm{G}i}$$

A_{BS} 就称为区域云雨累积量转换的公共系数，在区域 S 内是个常数，但随时次而变化。从上式右式可知 $A_{\mathrm{BS}}^{\frac{1}{b_{\mathrm{f}}}}$ 是各个 $A_{\mathrm{B}i}^{\frac{1}{b_{\mathrm{f}}}}$ 按雨量分布的加权平均，所以一般 $A_{\mathrm{BS}} \neq \overline{A_B}$，当 S 区域内各 $Q_{\mathrm{G}i}$ 相等，即发生均雨（不论大小）的情况时 $A_{\mathrm{BS}} = \overline{A_{\mathrm{B}}}$。

A_{M} 类型的区域云雨转换公共系数如下。

同样，$\{A_{\mathrm{M}i}\}_S$ 集合的第一个统计代表值就是 $A_{\mathrm{M}i}$ 的算术平均值 $\overline{A_{\mathrm{M}}}$，是 A_{M} 类型的第一个区域云雨转换公共系数，表达如下：

$$\overline{A_{\mathrm{M}}} = \frac{1}{N} \times \sum_{i=1}^{N} A_{\mathrm{M}i}$$

A_{M} 类型的第二个区域云雨公共转换系数 A_{MS}，按照 R-G 对应 N 个站点的 $Z_{\mathrm{M}i}$ 和 $Q_{\mathrm{G}i}$ 取平均值直接构成幂律关系：

$$A_{\mathrm{MS}} = N^{b_{\mathrm{f}}-1} \sum_{i=1}^{N} Z_{\mathrm{M}i} / \left[\sum_{i=1}^{N} Q_{\mathrm{G}i}\right]^{b_{\mathrm{f}}} \text{或}$$

$$A_{\mathrm{MS}}(T_j) = N^{b_{\mathrm{f}}-1} \sum_{i=1}^{N} \left[A_{\mathrm{M}i} \times \left(Q_{\mathrm{G}i} / \sum_{i=1}^{N} Q_{\mathrm{G}i}\right)^{b_{\mathrm{f}}}\right]$$

此 $A_{\mathrm{MS}}(T_j)$ 也可称为区域云雨转换公共系数，它在 S 区域为公共常数，仅随时次 T_j 而变。从以上公式可看出，一般而言 $A_{\mathrm{MS}} \neq \overline{A_M}$，但在区域 S 内降水分布均匀的特殊情况下，两者才相等。

（4）区域型降水累积量估算方程

在区域 S 内各个雨量站点处其空中的 $Z_{\mathrm{B}i}$ 或 $Z_{\mathrm{M}i}$ 和地面的 $Q_{\mathrm{G}i}$ 都是实测得到的，就可计算得到各个单站云雨转换系数 $A_{\mathrm{B}i}$ 或 $A_{\mathrm{M}i}$。而对于 S 区域内非雨量站点（x,y）处，即使已拥有经雷达实测的 $Z_{\mathrm{B}}(x,y)$ 或 $Z_{\mathrm{M}}(x,y)$ 的面分布也不能得到 $A_{\mathrm{B}}(x,y)$ 或 $A_{\mathrm{M}}(x,y)$ 的面分布。为了求得这个问题的近似解决，可利用固定指数 b_{f} 和区域云雨转换公共系数以及由雷达实测的 $Z_{\mathrm{B}}(x,y)$ 或 $Z_{\mathrm{M}}(x,y)$ 的面分布，按照幂律形式来构建区域型降水累积量估算方程，在这类方程中需要待定的只有地面降水量的估算值 $Q_{\mathrm{R}}(x,y)$ 了。本研究提出了 4 个区域型云雨转换公共系数，相应可以建立如下 4 个区域型降水估算方程，分别称为 A_{BS} 型、$\overline{A_B}$ 型、A_{MS} 型和 $\overline{A_M}$ 型：

$$Q_{R(A_{BS})}(x,y,0,T_j) = A_{BS}^{-\frac{1}{b_f}} \times Z_B^{\frac{1}{b_f}}(x,y,H,T_j)$$

$$Q_{R(\overline{A_B})}(x,y,0,T_j) = \overline{A}_B^{-\frac{1}{b_f}} \times Z_B^{\frac{1}{b_f}}(x,y,H,T_j)$$

$$Q_{R(A_{MS})}(x,y,0,T_j) = A_{MS}^{-\frac{1}{b_f}} \times Z_M^{\frac{1}{b_f}}(x,y,H,T_j)$$

$$Q_{R(\overline{A_M})}(x,y,0,T_j) = \overline{A}_M^{-\frac{1}{b_f}} \times Z_M^{\frac{1}{b_f}}(x,y,H,T_j)$$

这 4 个方程之所以称为区域型降水估算方程是因为采取了区域型云雨转换公共系数，根据这些方程能估算出区域 S 内 $1\times1\ \text{km}^2$ 每个点的(x,y)的小时降水累积量。

我们对上述 4 个方程的估算降水做误差分析可知，A_{BS} 型的区域降水差估率 $\mu_{S(A_{BS})}$ 在区域 S 内任何时次都为 0。现作如下证明。A_{BS} 型降水估算方程时产生的区域降水估算误差可表示为：

$$\mu_{S(A_{BS})} = \frac{\Delta Q_{RS(A_{BS})}}{Q_{GS}} = \sum_{i=1}^{N}\left[\left(\frac{A_{Bi}}{A_{BS}}\right)^{\frac{1}{b_f}} - 1\right] \times \frac{Q_{Gi}}{Q_{GS}}$$

式中，$\mu_{S(A_{BS})}$ 称为区域降水差估率或差估因子，将 A_{Bi} 和 A_{BS} 作适当代换于是有：

$$\mu_{S(A_{BS})} = \sum_{i=1}^{N}\left[Z_{Bi}^{\frac{1}{b_f}} \Big/ \sum_{i=1}^{N} Z_{Bi}^{\frac{1}{b_f}}\right] - 1$$

显然式 $\mu_{S(A_{BS})}=0$，即 $Q_{RS}=Q_{GS}$。由此在 A_{BS} 型方程的估算下，在区域 S 内所有站点的高估总量必定与低估总量相等。A_{BS} 型的区域站点降水总量零误差估算具有非常重要的使用价值。虽然每一个雨量站点的降水量很难完全估算正确，但是在有限区域内如河流流域、湖泊水库和重要城镇等重点防汛抗洪地区，对于建立水文数值模式预警报系统而言，区域总雨量的正确估算要比区域内某一单点估算更为重要。必须着重指出的是，区域 S 的范围可大可小，不过该区域降水公共系数必须由这个区域内 N 个雨量站根据式计算得到。

由于 A_{BS} 型降水估算方程在估算区域所有站点降水总量时具有零误差的特点，因此我们在降水估算是采用 A_{BS} 型降水估算方程。

4.4.1.6 完成精细化实况降水估算试验产品检验

下面我们对通过 A_{BS} 区域云雨转换公共系数的估算方程计算得到的 2018 年 8 次过程估测降水进行检验。与中国气象局估测产品一致，我们以 2018 年 6 月 29 日—7 月 2 日及 7 月 3—12 日两次过程为例给出定量估测降水检验结果。

图 4.38 给出 6 月 29 日—7 月 2 日和 7 月 3—12 日两次降水过程长江流域估测降水和区域站实况降水空间分布图。由图可知，长江流域估测降水的空间分布特征与实况基本一致，对于 50 mm 以上的强降水中心位置及强度估测结果与实况基本吻合，但对于累积降水量 10～25 mm 降水的估测结果明显较实况偏小，对于其他过程，部分小雨量级的区域出现了估测无降水的情况(图略)。

为进一步量化检验结果，我们按中国气象局降水估测产品检验方法，计算平均误差、绝对误差、绝对误差率以及均方根误差，并给出降水量分级检验结果，以确定各量级降水的估测误差(图 4.39)。结果表明，8 次降水过程平均 20～50 mm 降水的平均误差率为 33.92%，

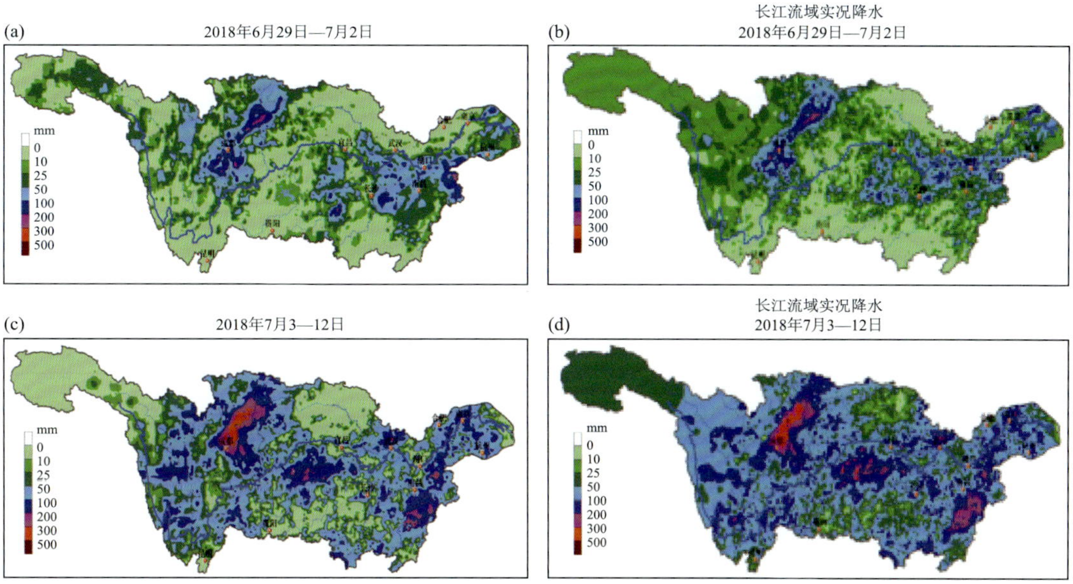

图 4.38 6 月 29 日—7 月 2 日和 7 月 3—12 日两次降水过程长江流域估测降水(a、c)和区域站实况降水(b、d)空间分布

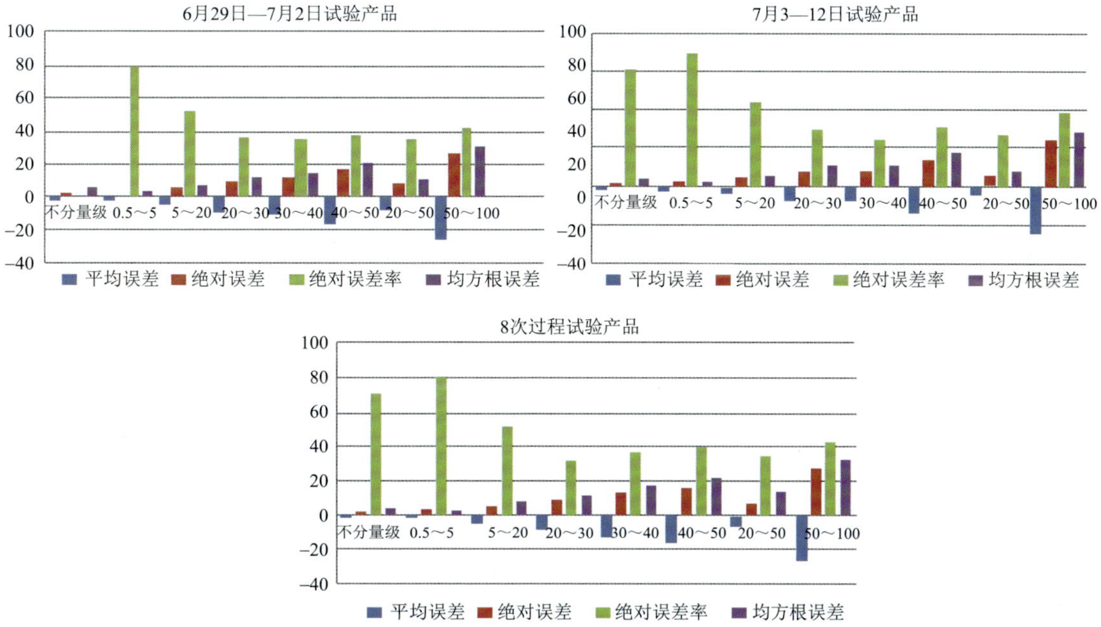

图 4.39 长江流域 6 月 29 日—7 月 2 日、7 月 3—12 日降水过程平均估测降水分量级检验结果

50 mm 以上降水的估测误差有所增大达 42.26%，而值得关注的是 0.5～5.0 mm 降水的估测误差达－1.74 mm，由于小雨量级降水的估测样本数最多，同时在绝对误差率的计算中，越是小量级降水就越要求估测精准，否则会引起绝对误差率的明显增大。由于小雨量级的估测偏差较多，因此极大地影响了平均估测准确率。6 月 29 日—7 月 2 日，0.5～5 mm 降水

绝对误差率高达 78.85%，5～20 mm 降水的估算绝对误差率达 52.27%；7 月 3—12 日 0.5～5 mm 降水绝对误差率高达 69.32%，5～20 mm 降水的估算绝对误差率达 43.69%。

为进一步评估试验产品质量，我们选取绝对误差和和绝对误差率两个检验指标，对比中国气象局二源、三源降水估测产品，如图 4.40 所示。结果表明，0.5～5 mm 和 5～20 mm 降水的估测误差明显较中国气象局产品偏高，20～50 mm 降水的估测误差与中国气象局二源产品相当，三种产品比较，中国气象局多源融合产品的误差最小，估测准确率最高。

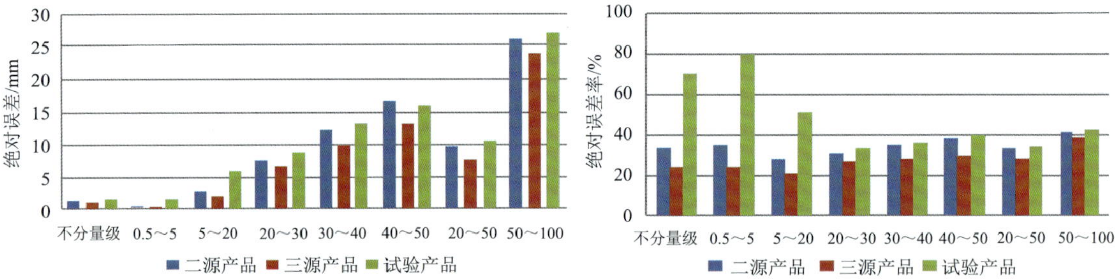

图 4.40　长江流域 2018 年 8 次降水过程分级绝对误差和绝对误差率检验结果

4.4.1.7　小结

（1）RASIM 构建了具有幂律形式的 R-G 直接积分对应的单站关系式 $Z_{Bi}=A_{Bi}\times Q_{Gi}^{b_i}$，这是一个准同雨团样本概念下的准有理对应关系，随时空可变。关系中的系数 A_{Bi} 特称为单站云雨转换系数，它表明了在某时某站空中雨团 Z_B 下落到地面雨量计成为 Q_G 的转换能力，其大小显然与天气系统和地理环境密切相关，值得今后深入研究。由单站云雨转换系数的数据集合体 $\{A_{Bi}\}_S$ 可以产生区域云雨转换公共系数 A_{BS}，从而构成区域型降水估算方程。由于 A_{BS} 型降水估算方程在估算区域所有站点降水总量时具有零误差的特点，因此我们在降水估算是采用 A_{BS} 型降水估算方程。

（2）试验产品改进前，对小雨量级降水的估测结果较实况明显偏小，导致绝对误差率明显增大。针对此问题对雷达质控方案进行两方面调整：①有效反射率因子库数所占的百分比阈值由 65%调整为 55%；②反射率因子质量控制算法以有效反射率因子库数所占的百分比小、反射率因子垂直梯度较大、径向速度大多为无效值这 3 个特征为判据新增一种噪声过滤方法，如反射率因子同时满足这 3 个判据则识别为噪声并进行剔除。方案改进后，对 0.5～20 mm 降水的估测质量明显提高。

4.4.2　0～3 h 精细化网格降水预报技术

利用三峡库区自动气象站数据及周边雷达数据，基于多尺度光流变分法，通过计算雷达回波的光流场得到回波的运动矢量场，并基于半拉格朗日平流法对雷达回波进行外推得到降水预报场，建立 0～3 h 三峡库区短时临近精细化网格降水预报技术。基于 0～3 h 三峡库区短时临近精细化网格降水预报技术，利用库区自动气象站、周边雷达资料生成三峡库区 0～3 h 精细化网格降水预报产品（图 4.41、图 4.42）。

空间范围：三峡库区。

产品空间分辨率：1 km×1 km。

产品时间分辨率：1 h。

更新频次：逐小时滚动更新。

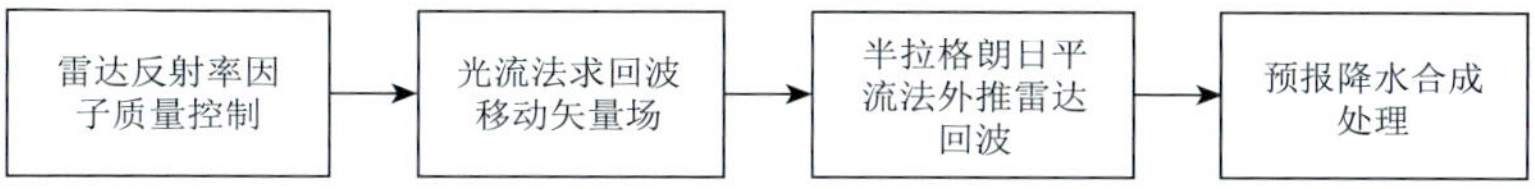

图 4.41　三峡库区 0~3 h 精细化网格降水预报研究技术路线图

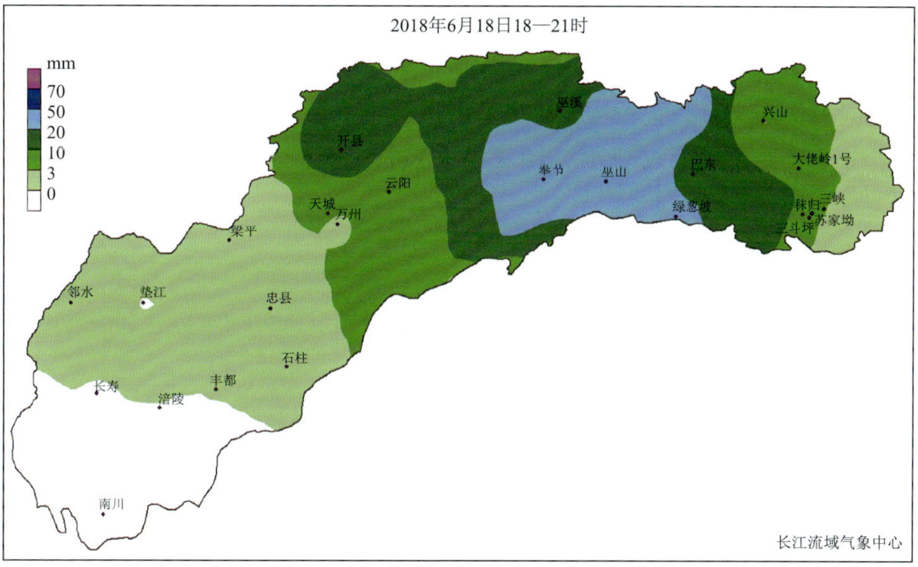

图 4.42　三峡库区 0~3 h 精细化网格降水预报产品

4.4.2.1　雷达反射率因子质量控制

通过水平光滑度和垂直梯度的检测来区分降水回波和非降水回波雷达反射率因子在水平和垂直伸展方向上的变化，来进行雷达反射率因子场质量控制，达到将杂波和降水回波分离的目的。

(1)孤立噪声过滤

受雷达硬件工作状态或外来干扰影响，原始反射率因子记录常含有噪声，噪声回波一般呈孤立分布。通过计算一定区域内有效反射率因子库所占的数量比例：

$$P_x = N_x/(N_g\ N_b)$$

式中，x 表示给定的原始资料反射率因子距离库，N_g、N_b 分别为以 x 为中心的扇形窗口的径向库数和方位数，N_x 为该窗口内有效反射率因子的库数，P_x 为窗口中有效反射率因子库数所占的百分比，如 P_x 小于某一阈值就视为噪声回波而剔除。

降水回波边缘由于 P_x 较小可能被识别为噪声，其中左边缘可采用回填方法(如一个反射率因子库识别为非噪声，则以该库为中心的扇形窗口内的所有库均为非噪声)恢复其初始值，但仍无法解决右边缘的错误识别，使得右边缘范围有所缩小。因此，在沿顺时针方向搜索噪声的基础上，增加了沿逆时针方向的噪声搜索，只有在双向搜索过程中反射率因子库同时被识别为噪声才认为是真实的孤立噪声，从而避免对降水边缘回报的错误剔除现象。以上方法适用于过滤范围很小的孤立点状噪声，如噪声范围较大则不能完全被剔除。

（2）超折射回波抑制

使用反射率因子水平纹理 T_{dBZ}、反射率因子垂直梯度 V_{dBZ}、库间变率 S_{pin}、平均径向速度 M_{dve}、平均谱宽 M_{dsw} 共 5 个回波特征量作为候选识别因子。

$$T_{\mathrm{dBZ}} = \left[\sum_{i=1}^{N_{\mathrm{b}}}\sum_{j=2}^{N_{\mathrm{g}}}(Z_{i,j}-Z_{i,j-1})^2\right]$$

$$V_{\mathrm{dBZ}} = (Z-Z_{\mathrm{R}})/(H_{\mathrm{R}}-H)$$

$$S_{\mathrm{pin}} = \left[\sum_{i=1}^{N_{\mathrm{b}}}\sum_{j=2}^{N_{\mathrm{g}}} MS_{\mathrm{pin}}\right]/C$$

其中：$$MS_{\mathrm{pin}} = \begin{cases} 1 \mid Z_{i,j}-Z_{i,j-1}\mid > Z_{\mathrm{thresh}}\ \text{且} S_{i,j} \neq S_{i,j-1} \\ 0 \mid Z_{i,j}-Z_{i,j-1}\mid \leqslant Z_{\mathrm{thresh}}\ \text{或} S_{i,j} = S_{i,j-1} \end{cases}$$

$$S_{i,j} = \begin{cases} 1\ Z_{i,j} \geqslant Z_{i,j-1} \\ 0\ Z_{i,j} < Z_{i,j-1} \end{cases}$$

$$M_{\mathrm{dve}} = \left[\sum_{i=1}^{N_{\mathrm{b}}}\sum_{j=1}^{N_{\mathrm{g}}} V(i,j)\right]/C$$

$$M_{\mathrm{dsw}} = \left[\sum_{i=1}^{N_{\mathrm{b}}}\sum_{j=1}^{N_{\mathrm{g}}} SW(i,j)\right]/C$$

上述 5 式中 N_{g} 和 N_{b} 分别为以反射率因子库为中心的扇形窗口的距离库数和方位数，C 为扇形窗口内有效反射率因子的个数，Z 单位为 dBZ，T_{dBZ} 单位为dBZ^2，V_{dBZ} 单位为 dBZ/km，M_{dve} 和 M_{dsw} 单位为 m/s。反射率因子垂直梯度中，H_{R} 表示参照层高度（2.8～4.5 km），Z_{R} 表示参照层高度对应的反射率因子，要求 H_{R} 大于回波高度 H。

利用隶属函数对各识别因子进行模糊化处理，并对模糊值权重求和得到识别指数 I_{API}。

$$I_{\mathrm{API}} = \sum_{i=1}^{n} W_i f_i / \sum_{i=1}^{n} W_i$$

式中，I_{API} 取值范围为[0,1]，0 表示回波为 AP 的可能性很小，1 表示可能性很大，f_i 为识别因子模糊值，W_i 为权重值，n 为因子个数。如 $I_{\mathrm{API}} \geqslant$ 阈值则识别为 AP 回波，反之为气象回波。

4.4.2.2 光流法求回波移动矢量场

采用光流法作为雷达反射率预报降水模型的基础。光流外推主要包括 4 个关键性步骤：通过求解光流方程提取雷达回波的运动场；识别强对流区域；对强对流区域进行追踪；据外推结果进行预报。

为了构建基于雷达数据的降水概率模型，下一步将采用拉格朗日力学方程对由光流法计算出的回波位移矢量做出外推预测。

（1）光流法原理

光流法的基本原理是由于运动目标和观测器之间的相对运动，以图像亮度变化作为识别对象，在序列图像中产生瞬时位移，体现了图像亮度模式的表观运动。图像中所有像素点的亮度光流就构成了图像的光流场。而光流法的核心就是从连续的图像系列中计算光流场。

速度矢量在气象领域一般用两个分量 u，v 来表达。假设笛卡尔坐标平面上有一点 (x,y)，它代表三维空间中某一点 (x,y,z) 在图像平面上的投影，该点在时刻 t 的灰度值（光亮度值）为 $I(x,y,t)$。假定该点在 $(t+\Delta t)$ 时运动到 $(x+\Delta x,y+\Delta y)$，在一定时间间隔 Δt 内灰度值保持不变，即

$$I(x+u\Delta t,y+v\Delta t,t+\Delta t)=I(x,y,t)$$

式中，u，v 分别是该点的光流在 x、y 方向上的分量。假设亮度 $I(x,y,t)$ 随时间 Δt 平滑变化，可以将公式按泰勒公式展开

$$I(x,y,t)+\Delta x\frac{\partial I}{\partial x}+\Delta y\frac{\partial I}{\partial y}\Delta \mathrm{t}\frac{\partial I}{\partial t}+e=I(x,y,t)$$

式中，e 为包括 Δx、Δy、Δt 的二次以上无穷小项，消去 $I(x,y,t)$，用 Δt 除等式两边，并取 $\Delta t\to 0$ 的极限后，可求得

$$\frac{\partial I}{\partial x}\frac{\mathrm{d}x}{\mathrm{d}t}+\frac{\partial I}{\partial y}\frac{\mathrm{d}y}{\mathrm{d}t}+\frac{\partial I}{\partial t}=0$$

实际上是 $\frac{\partial I}{\partial t}=0$ 展开式，可以简写为 Ix

$$Ixu+Iyv+I_t=0$$

式中：$u=\frac{\mathrm{d}x}{\mathrm{d}t}$，$v=\frac{\mathrm{d}y}{\mathrm{d}t}$，$Ix=\frac{\partial I}{\partial x}$，$Iy=\frac{\partial I}{\partial y}$，就是光流约束方程；$I_t$ 为灰度随时间的变化率。

令 $\nabla I=(Ix,Iy)^{\mathrm{T}}$，$\nabla I$ 为图像点灰度的空间梯度；$(u、v)$ 称为光流，图像中所有点的光流就构成了光流场。$I(x,y,t)$ 就是雷达图像上像素点 (x,y) 在时刻 t 的反射率因子值。由于光流有两个未知变量 u 和 v，而式只有一个光流约束方程。如果不对光流特性做任何假设，则无法同时求出 u 和 v。因此需要引入进一步的约束条件，才能完全确定光流 (u,v)。

（2）Lucase-Kanade 法计算光流场

假设以 P 为中心的一个足够小的区域内个点的光流相同，而且在足够短的时间间隔内，两帧图像间的运动可以近似为线性的。区域内不同的点给予的权重不同，离 P 点越近，权重越高，光流的计算可转化为：

$$\sum_{x\in\Omega}W^2(x)[\nabla I(x,t)\cdot V+I_t(x,t)]^2$$

式中，Ω 为以 P 为中心的小区域，$W^2(x)$ 为窗函数，代表区域内各点的权重，$\boldsymbol{V}=(u,v)^{\mathrm{T}}$ 为 P 点的光流。令

$$\boldsymbol{A}=(\nabla I(x_1),\nabla I(x_2),\cdots,\nabla I(x_n))^{\mathrm{T}}$$

$$\boldsymbol{W}=\mathrm{diag}(W(x_1),W(x_2),\cdots,W(x_n))$$

$$\boldsymbol{b}=-(I_t(x_1),It(x_2),\cdots,It(x_n))^{\mathrm{T}}$$

则方程的解为

$$\boldsymbol{V}=(\boldsymbol{A}^{\mathrm{T}}\boldsymbol{W}^2\boldsymbol{A})^{-1}\boldsymbol{A}^{\mathrm{T}}\boldsymbol{W}^2\boldsymbol{b}$$

而 $\mathbf{A}^{\mathrm{T}}\mathbf{W}^2\mathbf{A}$ 实际为 2×2 矩阵

$$\begin{bmatrix} \sum W^2(x)I^2(x) & \sum W^2(x)I_x(x)I_y(x) \\ \sum W^2(x)I_y(x)I_x(x) & \sum W^2(x)I_y^2(x) \end{bmatrix}$$

尽管相邻两个时次的雷达回波反射率会随时间变化而发生变化，但在雷达两次体扫的时间间隔 6 min 内，这种变化可以认为是比较微弱的。因此，可以近似地认为雷达图像满足光流约束方程。在算法中使用一阶差分来代替反射率在各个方向的导数

$$I_x = \frac{1}{4\Delta x}[(I_{i+1,j,k} + I_{i+1,j,k+1} + I_{i+1,j+1,k} + I_{i+1,j+1,k+1}) - [(I_{i,j,k} + I_{i,j,k+1} +$$
$$I_{i+1,j+1,k} + I_{i+1,j+1,k+1})]$$

$$I_y = \frac{1}{4\Delta y}[(I_{i+1,j,k} + I_{i+1,j,k+1} + I_{i+1,j+1,k} + I_{i+1,j+1,k+1}) - [(I_{i,j,k} + I_{i,j,k+1} +$$
$$I_{i+1,j+1,k} + I_{i+1,j+1,k+1})]$$

$$I_t = \frac{1}{4\Delta t}[(I_{i+1,j,k} + I_{i+1,j,k+1} + I_{i+1,j+1,k} + I_{i+1,j+1,k+1}) - [(I_{i,j,k} + I_{i,j,k+1} +$$
$$I_{i+1,j+1,k} + I_{i+1,j+1,k+1})]$$

根据上式可计算出光流场。在计算光流场时既考虑了连续时次回波的变化，也考虑了相邻位置回波的变化。

4.4.2.3 半拉格朗日平流法外推雷达回波

由于回波运动并不总是线性的，而线性外推是不允许旋转的。为了解决这个问题，采用半拉格朗日平流方案外推未来时刻的雷达回波分布。根据半拉格朗日平流方案将预报时效分为 N 步进行外推，时间步长为 Δt，每一步的位移量可由迭代得到。设初始 $\partial=0$，时间步长 Δt 设为 6 min，预报时效内总位移是 N 步位移的总和。

半拉格朗日法是流体力学中计算流体运动的一种主要方法，其公式为：

$$\widehat{F}(t_0+\tau,x) = F(t_0+\tau,x-\boldsymbol{\alpha})$$

式中：F 为观测的雷达回波，$\widehat{F}$ 为预报的雷达回波场，τ 为预报时效，t_0 为预报的开始时间，$\widehat{F}(t_0+\tau,x)$ 为 $t_0+\tau t_0+\tau$ 时刻在位置 x 处的预报值，$\boldsymbol{\alpha}$ 为运动矢量。

半拉格朗日平流方案将预报时效 τ 分为 N 步进行外推，时间步长为 Δt，每一步的移动矢量 $\boldsymbol{\alpha}$ 由下面公式迭代得到

$$\boldsymbol{\alpha} = \Delta t u(t_0, x-\frac{\boldsymbol{\alpha}}{2})$$

式中，$u(t_0,x-\frac{\boldsymbol{\alpha}}{2})$ 为在格点 $x-\frac{\boldsymbol{\alpha}}{2}$ 处的回波运动速度，开始时，$\boldsymbol{\alpha}=0$，总位移是 N 步位移的总和。因此，半拉格朗日法确定的回波轨迹是流线型，而非直线型。

4.4.2.4 预报降水合成处理

在雷达反射率因子场滤波、光流法求回波移动矢量场以及半拉格朗日平流法外推雷达回波的基础上，预报降水合成处理主要有以下步骤：

用 Z 雷达关系将反射率因子转换为降水强度；

不同尺度的回波以不同速度外推，外推时效按尺度不同加以经验性的约束；

采用轨迹象元瞬时摄像玷染求和法（简称 TPIS）技术求累积降水量；

几种尺度外推的降水量结果进行叠加并取大值，最后得到不同预报时效的降水量分布结果。

雷达-雨量计实时同步的实况降水估算研究主要基于准同雨团样本概念雷达和雨量计的实时同步结合方法（RASIM 方法），该方法在准同雨团样本和固定指数条件下应用雷达和雨量计小时累积量的幂律关系 Z_{OH}-Q_G，构建雷达一雨量计实时同步结合估算小时降水量。

①雨团样本定义

被雷达所观测到的悬浮在大气中具有某一物理属性（反射率因子 Z）和运动特性（下落速度 ω 和水平速度 v）的雨滴集合群体称为雨团样本。

②准同雨团样本及其采样

雨滴谱方法是在地面采集到若干个雨滴谱样本来构建 Z-R 关系，可称为同雨团样本采样。当雷达在空中、雨量计在地面测量时，显然难以做到同雨团样本采样。若用一定的技术方法，使雷达采集到的雨团样本（Z）与雨量计测量样本（G）具有一定和内在的物理联系，此时称这两种样本为准同雨团样本，将这种采样方式称为准同雨团样本采样。

在准同雨团样本采样的基础上，利用固定指数所带来的优越性，研究建立 Z-G 小时累积量的幂律关系。

③单站的 Z_B- Q_G 关系

$$\int_0^T Z(x_G - r, H, t-\tau)\,\mathrm{d}t \xrightarrow{M} \int_0^T R(x_G, 0, t)\,\mathrm{d}t$$

根据上式解 $R(x_G,0,t)$ 后对时间 T 积分，并引入固定b_f 和准雨团的时间垂直积分采样技术，于是有

$$Q_G = \int_0^T R_G(x_G, 0, t)\,\mathrm{d}t = A_B^{-\frac{1}{b_f}} \int_0^T z^{\frac{1}{b_f}}(x_G, H, t)\,\mathrm{d}t$$

将上式中的坐标符号都省略，于是积分型的 Z_B—Q_G 关系即 R-G 累积量之间的关系为

$$Q_G = A_B^{-\frac{1}{b_f}} \times Z_B^{\frac{1}{b_f}}$$

④区域的 Z_{BS}-Q_{GS}关系

$$Q_{RB}(x,y) = A_{BS}^{-\frac{1}{b_f}} \times Z_B^{\frac{1}{b_f}}(x,y)$$

是以雨量站为单位的 Z_B-Q_G 关系，现对其在降水区域 S 进行面积分，并引入 ABS 为适合区域的待定系数，则有：

$$\iint_s Q_G\,\mathrm{d}s = A_{BS}^{-\frac{1}{b_f}} \iint_s Z_B^{\frac{1}{b_f}}\,\mathrm{d}s$$

将上述中积分转换为离散求和，各离散雨量计小时测量为 Q_{Gi}，区域内所有雨量站测量之和为 Q_{GS}，对应各雨量站点的雷达小时测量为 Z_{Bi}，则有：

$$Q_{GS} = A_{BS}^{-\frac{1}{b_f}} \times Z_{BS}^{\frac{1}{b_f}}$$

式中，$A_{\mathrm{BS}}=\left[\dfrac{\sum\limits_{i=1}^{N} Z_{\mathrm{B}i}^{\frac{1}{b_{\mathrm{f}}}}}{\sum\limits_{i=1}^{N} Q_{\mathrm{G}i}}\right]^{b_{\mathrm{f}}}$，$Z_{\mathrm{BS}}=\left[\sum\limits_{i=1}^{N} Z_{\mathrm{B}i}^{\frac{1}{b_{\mathrm{f}}}}\right]^{b_{\mathrm{f}}}$，$N$ 为区域内 S 内的雨量站数，A_{BS} 是代表区域 Z_{BS}-Q_{GS} 关系的系数。

经过气象业务应用和检验评估，基于准同雨团样本采样概念，构建雷达采样和雨量计采样之间的降水估算关系式 Z-G（类同 Z-R），其操作简便，并具有重要的业务应用价值。

4.4.3 3～6 h 精细化网格降水预报技术

利用三峡库区及周围雷达数据、自动气象站数据和 WRF 模式高分辨率快速同化预报系统（WH-HRRR），建立适用于三峡库区的模式和雷达外推结合的 3～6 h 融合降水预报技术。基于 3～6 h 三峡库区短时临近精细化网格降水预报技术，利用库区自动气象站、周边雷达及 WH-HRRR 资料生成三峡库区 3～6 h 精细化网格降水预报产品（图 4.43）。

空间范围：三峡库区。

产品空间分辨率：3 km×3 km。

产品时间分辨率：1 h。

更新频次：逐小时滚动更新。

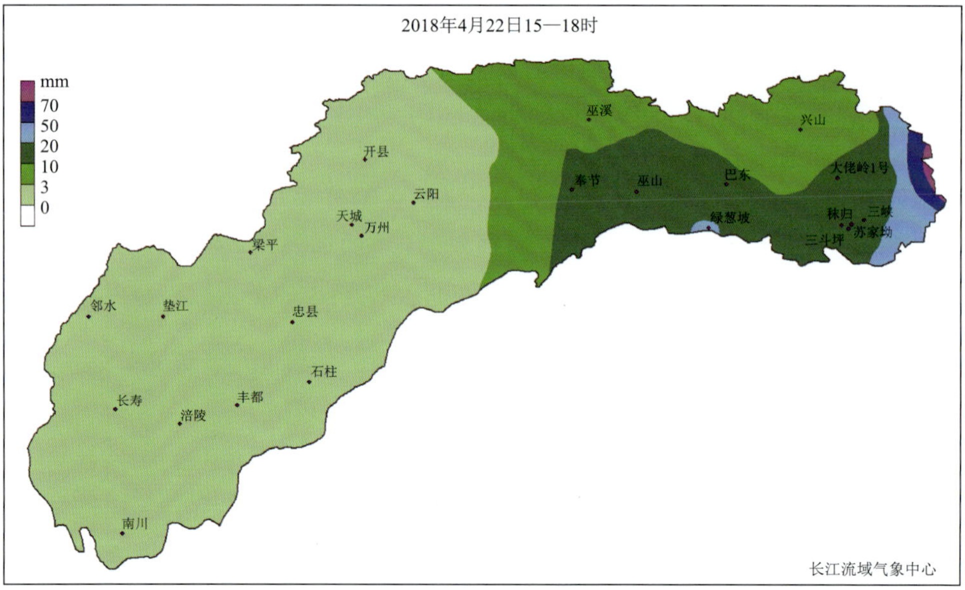

图 4.43 三峡库区 3～6 h 精细化网格降水预报产品

优化后的三峡库区 3～6 h 精细化网格降水预报产品介绍如下。

针对三峡库区 3～6 h 精细化网格降水预报产品检验结果所反映的一些问题，我们主要采用两种方式对精细化网格降水预报产品进行优化。

优化 blending 方程，适当增加 4～6 h 模式 QPF（定量降水预报）权重系数。

优化 WRF 模式高分辨率快速同化预报系统产品。通过优化物理过程参数化方案、大气边界层参数化方案以及物理过程之间相互作用和物理过程与动力框架之间的协调性等方式进一步优化 WRF 模式高分辨率快速同化预报系统。

4.4.3.1　资料预处理

获取最近时次的 WRF 模式高分辨率快速同化预报系统未来 3～6 h QPF 产品（空间分辨率 3 km×3 km），采用邻近插值法将模式 QPF 产品的空间分辨率加密至与未来 3～6 h 雷达外推 QPF（空间分辨率 1 km ×1 km）一致。采用模板分别进行空间滤波，过滤掉小尺度的降水区域。

4.4.3.2　雷达外推 QPF 与模式 QPF 融合

采用权重法融合雷达外推 QPF 和模式 QPF，权重系数随预报时效改变。权重法选取一个双曲正切线函数来表示，两个端点根据降水天气类型和预报员天气变化经验给定。

$$W_{\mathrm{m}}(t)=\alpha+\frac{\beta-\alpha}{2}\times\{1+[\gamma(t-3)]\}(3<t<6)$$

式中，$W_{\mathrm{m}}(t)$为权重系数，α 和 β 分别是第 3 小时和第 6 小时数值模式的权重，γ 代表在融合时段中间部分的斜率。

$$R(t)=W_{m}(t)\times R_{\mathrm{model}}+[1-W(t)]\times R_{\mathrm{radar}}$$

式中，$3<t<6$。

4.4.4　6～12 h 精细化网格降水预报技术

利用 WRF 模式高分辨率快速同化预报系统（WH-HRRR）（基于 WRF v3.4.2 版本，采用 GSI 3 dVAR 同化系统，水平分辨率为 3 km，同化频率为 3 h），生成三峡库区 6～12 h 短时临近精细化网格降水预报产品。

空间范围：三峡库区。

产品空间分辨率：3 km×3 km。

产品时间分辨率：1 h。

产品更新时次：逐 3 h 滚动更新。

4.4.4.1　整体架构

区域数值预报模式资料同化系统运用短临天气建模技术，使用大尺度环流信息，利用现有计算资源和气象观测数据，通过引入高时空分辨率的中小尺度气象模型以及区域高精度的地形地貌数据，建立精细化短临预报系统。

4.4.4.2　关键技术

区域 3 km 分辨率的快速更新循环同化系统的主要目的是为了同化高时空分辨率的雷达资料（每 10～15 min 间隔），以达到对模式中的云水和雨水的正确初始化，从而提高短临强对流天气的预报能力。每 3 h 的对未来 0～24 h/84 h 的滚动预报，为预报员不间断提供最新的模式预测结果。

（1）短临预报模型网格设计：结合计算资源和业务需求，实现业务预报 WH-HRRR 3 km 网格及其嵌套设计，其中外层粗分辨率 13 km 网格覆盖亚洲地区，核心预报区域为 3 km 网格（图 4.44）。

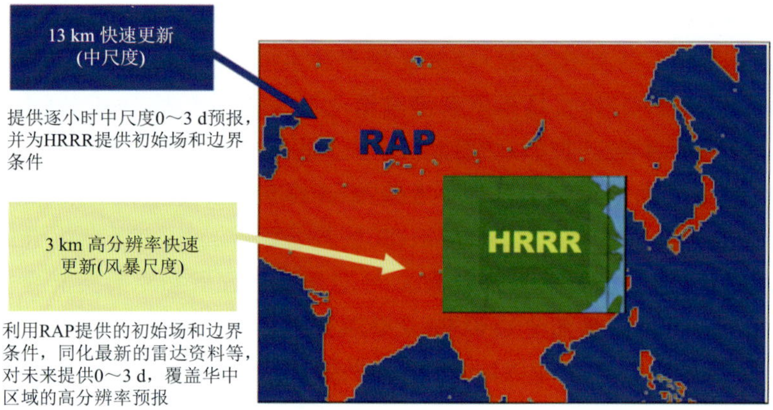

图 4.44 短临预报模型网格嵌套设计示意图

(2)基于逐小时同化分析场为基础，实现每 3 h 预报未来 0～24 h 短期预测结果：WH-HRRR是一个 3 km 高分辨率的短临预报系统，逐小时同化雷达，常规和非常规观测，并作出未来 0～24 h 的预报。

(3)雷达观测快速同化方案

WH-HRRR 系统针对雷达的高时空分辨率反射率资料，每 10～15 min 同化最新的雷达反射率资料。为了解决模式长时间同化循环造成的预报偏差，WH-RAP 系统会在 03 时(UTC)和 15 时(UTC)分别以 00 时(UTC)和 12 时(UTC)的 GFS 分析场通过多尺度模型融合方式加入大尺度信息，从而开展另一个同化循环预报进程，分别在 09 时(UTC)和 21 时(UTC)替代原来的初始场。

4.4.5 精细化降水网格产品检验方法及资料

(1)精细化实况降水估算产品检验方法

按照《定量降水估测(QPE)质量检验办法(试行)》，进行评估，参量如下：

平均误差(ME)

$$\mathrm{ME} = \frac{1}{N}\sum_{i=1}^{N}(R_i - G_i)$$

平均绝对误差(MAE)

$$\mathrm{MAE} = \frac{1}{N}\sum_{i=1}^{N}\left| R_i - G_i \right|$$

平均绝对误差率(MAER)

$$\mathrm{MAER} = \frac{1}{N}\sum_{i=1}^{N}\frac{\left| R_i - G_i \right|}{G_i}$$

均方根误差(RMSE)

$$\mathrm{RMSE} = \sqrt{\frac{1}{N}\sum_{i=1}^{N}(R_i - G_i)^2}$$

式中，G_i 为雨量站 1 h 累积雨量，R_i 为实况网格分析产品插值到检验站点得到的数值，N 为参与检验的总样本数(站次数)。

(2)降水预报检验法

分级降水检验：将降水量分为小雨、中雨、大雨、暴雨、大暴雨以上(表 4.14)，检验各级降水预报情况。

累加降水量级检验：降水检验对≥0.1 mm、≥10.0 mm、≥25.0 mm、≥50.0 mm，≥100.0 mm 降水的预报情况。

表 4.14 降水等级划分表

等级	降水量/mm
小雨	0.1～9.9
中雨	10.0～24.9
大雨	25.0～49.9
暴雨	50.0～99.9
大暴雨以上	≥100.0

检验指标包括 TS 评分、漏报率、空报率、预报偏差、技巧评分、ETS 评分：

TS 评分：$TS_k = \dfrac{NA_k}{NA_k + NB_k + NC_k}$

漏报率：$PO_k = \dfrac{NC_k}{NA_k + NC_k}$

空报率：$FAR_k = \dfrac{NB_k}{NA_k + NB_k}$

预报偏差：$B_k = \dfrac{NA_k + NB_k}{NA_k + NC_k}$

式中，NA_k 为预报正确的站(次)数、NB_k 为空报站(次)数、NC_k 为漏报站(次)数。k 为 1～5，分别代表分级及累加各级降水(表 4.15、表 4.16)。

表 4.15 降水分级检验评定简表

实况	预报						
	小雨	中雨	大雨	暴雨	大暴雨	特大暴雨	无降水
小雨	A_1	B_2	B_3	B_4	B_5	B_6	C_1
中雨	C_2	A_2	B_3	B_4	B_5	B_6	C_2
大雨	C_3	C_3	A_3	B_4	B_5	B_6	C_3
暴雨	C_4	C_4	C_4	A_4	B_5	B_6	C_4
大暴雨	C_5	C_5	C_5	C_5	A_5	B_6	C_5
无降水	B_1	B_2	B_3	B_4	B_5	B_6	—

表 4.16　累加降水量级检验评定简表

实况	预报						
	小雨	中雨	大雨	暴雨	大暴雨	特大暴雨	无降水
小雨	A_1	A_1B_2	$A_1B_2B_3$	$A_1B_2B_3B_4$	$A_1B_2B_3B_4B_5$	$A_1B_2B_3B_4B_5B_6$	C_1
中雨	A_1C_2	A_1A_2	$A_1A_2B_3$	$A_1A_2B_3B_4$	$A_1A_2B_3B_4B_5$	$A_1A_2B_3B_4B_5B_6$	C_1C_2
大雨	$A_1C_2C_3$	$A_1A_2C_3$	$A_1A_2A_3$	$A_1A_2A_3B_4$	$A_1A_2A_3B_4B_5$	$A_1A_2A_3B_4B_5B_6$	$C_1C_2C_3$
暴雨	$A_1C_2C_3C_4$	$A_1A_2C_3C_4$	$A_1A_2A_3C_4$	$A_1A_2A_3A_4$	$A_1A_2A_3A_4B_5$	$A_1A_2A_3A_4B_5B_6$	$C_1C_2C_3C_4$
大暴雨	$A_1C_2C_3C_4C_5$	$A_1A_2C_3C_4C_5$	$A_1A_2A_3C_4C_5$	$A_1A_2A_3A_4C_5$	$A_1A_2A_3A_4A_5$	$A_1A_2A_3A_4A_5B_6$	$C_1C_2C_3C_4C_5$
无降水	B_1	B_1B_2	$B_1B_2B_3$	$B_1B_2B_3B_4$	$B_1B_2B_3B_4B_5$	$B_1B_2B_3B_4B_5B_6$	—

(3)格点降水误差检验法

平均误差：$$ME_k = \frac{1}{N_k}\sum_{i=1}^{N_k}(F_i - G_i)$$

平均绝对误差：$$MAE_k = \frac{1}{N_k}\sum_{i=1}^{N_k}|F_i - G_i|$$

平均绝对误差率：$$MAER_k = \frac{1}{N_k}\sum_{i=1}^{N_k}\frac{|F_i - G_i|}{G_i}$$

均方根误差：$$RMSE_k = \sqrt{\frac{1}{N_k}\sum_{i=1}^{N_k}(F_i - G_i)^2}$$

式中，F_i 为格点降水预报值，G_i 为格点降水实况估测值，N_k 为参与评估的格点总数。

(4)检验资料

利用中国气象局逐小时定量降水融合计算产品和气象考核站点实况数据，以 QPE 数据作为参考，采用 TS 评分和偏差分析方法，对 0～12 h 短时临近精细化网格降水预报产品进行检验。

(5)检验时间

选取汛期(4—10 月)长江流域大范围降水过程以及全年资料作为检验时段。

4.5　电站水库调度气象预报预测服务

4.5.1　服务内容

(1)气象信息实时共享服务

提供实时气象信息，并提供气象业务系统维护、升级和气象业务咨询、培训服务。提供的实时气象信息包括：

①欧亚范围常规气象站网的地面、高空实时资料；

②欧洲中期天气预报中心、日本、美国及中国数值天气预报产品；

③长江流域加密气象观测资料；

④有关雷达拼图资料以及国家卫星气象中心卫星云图资料；

⑤中长期预报所需相关资料(气候资料)及加工处理。

(2)长江流域气象预报预测服务

提供长江流域短期降水预报、中期降水预报、长期降水趋势预测等服务产品。

短期降水预报(4 月 1 日—11 月 15 日)：

提供时间:每天上午；

服务内容:长江流域、长江上游流域各分区、金沙江流域各分区 12 h(08—20 时)、24 h(08—08 时)、48 h(08—08 时)、72 h(08—08 时)面雨量预报。年内其他时间预报区域内可能有较强降水发生时应及时提供相同预报。

中期降水预报(4 月 1 日—11 月 15 日)：

提供时间:每天上午；

服务内容:长江流域未来 7 d 逐日定量降水预报。

长期降水趋势预测见表 4.17。

表 4.17　长江流域长期降水趋势预测服务产品列表

序号	预测对象	预测范围	预测时段	提供时间
1	年度降水趋势	160 站/长江流域/长江上游流域/金沙江流域/流域分区	年度/分月	上年
2	汛期(6—8 月)降水趋势	160 站/长江流域/长江上游流域/金沙江流域/流域分区	汛期/分月	当年 3 月
3	季度降水趋势	160 站/长江流域/长江上游流域/金沙江流域/流域分区	季度/分月	上季末月上旬
4	月度降水趋势	160 站/长江流域/长江上游流域/金沙江流域/流域分区	月度/分旬	上月上旬
5	任意时段(含延伸期)降水趋势	160 站/长江流域/长江上游流域/金沙江流域/流域分区	指定	/
6	金沙江流域雨季开始时间	/	/	当年 3 月
7	金沙江流域雨季结束时间	/	/	当年 8 月
8	蓄水期(8—11 月)降水趋势和降水总量	160 站/长江流域/长江上游流域/金沙江流域/流域分区	蓄水期/分月	当年 8 月 10 日
9	消落期(4—6 月)降水趋势和降水总量	160 站/长江流域/长江上游流域/金沙江流域/流域分区	消落期/分月	当年 3 月 10 日

(3)灾害性天气预警

对水利枢纽周边出现的高影响灾害性天气，随时向相关单位和用户发布预警信息。预警关注的重点天气包括：

①强降雨:24 h 降水量≥50 mm 或 1 h 降水量≥20 mm；

②大风：极大风速≥10.8 m/s；

③雷电：有强雷电活动；

④冰雹：出现冰雹；

⑤大雾：能见度≤1000 m；

⑥高温：日最高气温≥35 ℃；

⑦低温：日最高气温≤5 ℃；

⑧雨雪冰冻：低温、雨、雪、冰冻等天气现象并发引起其他自然灾害。

(4)气象服务会商

根据天气形势变化或水库调度服务的特殊需要，与相关单位适时开展以下类型水文气象联合会商：

①关键天气过程会商；

②关键季节气候会商；

③关键时期服务会商。

(5)气象服务总结

①每月初提供上月长江流域天气分析和长江流域气候评价总结；

②2 月中旬提供上年度长江流域气候评价总结；

③10 月中旬提交本年度汛期预报服务工作总结；

④11—12 月参加报汛工作总结会。

4.5.2 服务要点

(1)熟悉长江上中游的自然地理和水文气象情况，熟练掌握长江上游岷沱江、嘉陵江、乌江、屏山—寸滩区间、三峡区间以及金沙江等流域降水特点，了解长江干流水利枢纽、支流大型水利工程的基本情况，了解各个时期流域大型水库蓄滞水特点和联合调度现状。

(2)了解金沙江梯级、三峡—葛洲坝水利枢纽的调度方式，及时把握上游水库和主要控制站的实时水位及涨落趋势，及时向服务对象提供气象信息服务，做好长江防总防汛应急响应。

(3)熟练掌握服务对象对长江上游强降水和枢纽灾害性天气预报服务要求，重点把握消落期、汛期、蓄水期等关键期对气象服务的要求：

①**消落期**重点做好汛前的第一场暴雨预报，服务水库提前下泄，要注意跟踪副高的强弱和移动，把握好雨带从华南向长江流域的移动时间转换。

②**汛期**主要做好上游流域面雨量大于 20 mm 的降水过程预报，关注将造成三峡入库流量短时内大幅变化的致洪暴雨，服务水库拦蓄洪水，天气系统上要特别把握好西南涡的生成、发展、移动、减弱。

③**蓄水期**重点做好主汛期后连续性降水过程和最后一场暴雨预报，服务三峡水库完成 175 m 蓄水目标，以利枯水期发电和下游供水，要特别注意华西秋雨的预报。

(4)做好三峡气象服务与中游防汛气象服务的结合，当长江上游、中游均已出现或将出现较强降水过程时，为降低上游、中游洪水遭遇带来的影响，服务三峡枢纽削错峰，需加强长江上游来水与洞庭湖来水、汉江来水的监测与预报服务。

(5)做好与服务对象的联络，跟踪了解需求，适时开展水文气象联合会商。

(6)了解水库下游的汛期及其支干流的流量和水位，注意水库下泄流量的变化并与水库下游洪量综合分析，及时提供降水预报，服务水库科学调度使之发挥削峰控流作用，减少或避免其下游洪水灾害发生。

(7)做好汛末最后一场大雨的预报，以便适时抓紧多蓄水，以备冬春发电、灌溉之用。

(8)梅雨期，随时注意副高的动向，及时准确开展出梅前最后一场较大降雨预报服务，使水库在安全或允许的范围内尽量多蓄水，以利后期发电和抗旱。切实防止在降雨快结束时为了保证水库安全而盲目报降水过大或持续时间过长，而导致下泄过多加重下游洪涝和影响后期抗旱用水，同时应注意确保水库安全。

(9)主汛期的夏秋间常有突发性强降水发生，在山区容易引起山洪暴发影响水库安全，应加强短临监测预警，做好暴雨诱发的水库突发洪水气象风险预警服务。

(10)适时做好人工增雨服务。

第 5 章
水电站气象服务体系及典型案例

大型水电站特别是梯级电站群的优化调度专业气象服务，需要针对流域防洪度汛、发电优化调度、船闸安全通航、工程安全生产，支持工程效益的最大化发挥，单单依靠当地或一省的服务能力是难以完成的，需要强化顶层设计，形成覆盖全流域的气象服务体系。在中国气象局的全面部署下，沿江气象部门大力推进气象现代化建设，长江流域综合观测、预报预测和防灾减灾体系已基本构建。并以葛洲坝、三峡、金沙江梯级电站为代表的大型水利水电工程建设运营气象保障服务为切入点，大力加强水电气象服务能力建设，气象服务水平稳步提升，取得了较为明显的社会经济效益。

5.1 气象服务体系框架

5.1.1 综合观测体系

长江干流沿线 11 省(市)已完成 84 部新一代天气雷达布设，探测范围覆盖了整个长江黄金水道(图 5.1、图 5.2)。并布设国家级自动气象站 895 套，平均间距 47.72 km；区域自动气象站 22079 套，平均间距 9.61 km，绝大多数省市乡镇覆盖率达到 100%(图 5.3)。专业观测、特种观测能力也得到了不断加强，仅湖北就建成了 12 个长江沿线能见度、120 个交通气象、194 个旅游气象、30 个负氧离子、32 个酸雨、30 个农业气象、46 个土壤水分、4 个紫外线、4 个生态、3 个大气成分、14 个太阳能观测站，30 多个风能观测塔、5 个闪电定位仪、3 个大气电场仪等专业气象监测网。湖北区域气象观测站达 2422 个，平均站间距 9 km，建成 L 波段探空雷达站 3 部、风廓线雷达 5 部、新一代天气雷达 8 部、车载 X 波段雷达 1 部、气象卫星地面接收站 17 个、GPS 水汽监测站 92 个、微波辐射仪 3 个、雷电监测站 19 个，形成了基本覆盖全省的气象灾害和极端天气事件立体监测网络。

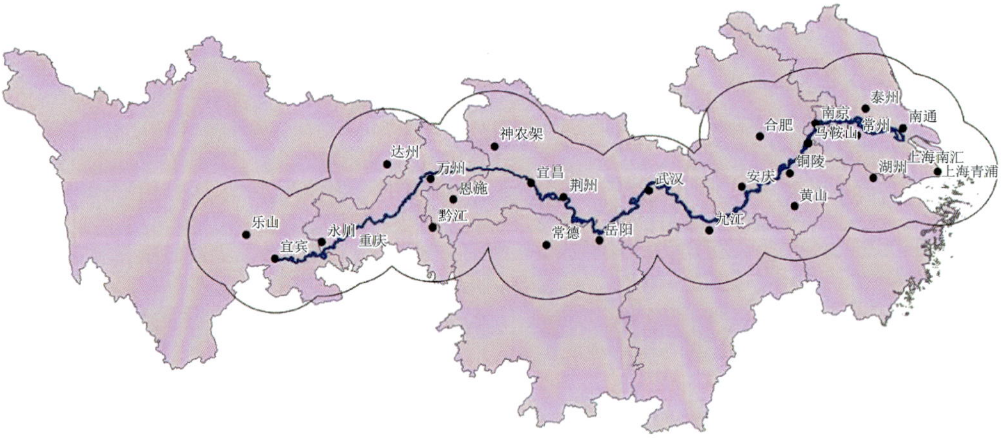

图 5.1 雷达 150 km 的探测距离覆盖示意图

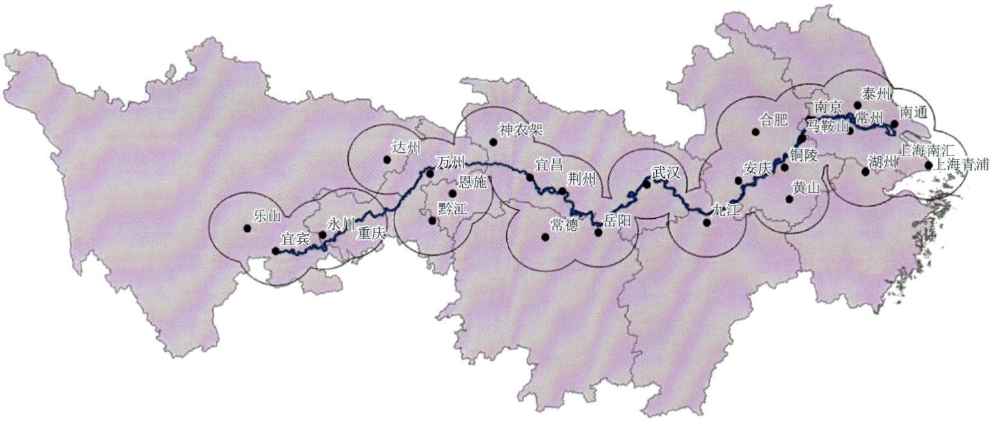

图 5.2 雷达 100 km 的探测距离覆盖示意图

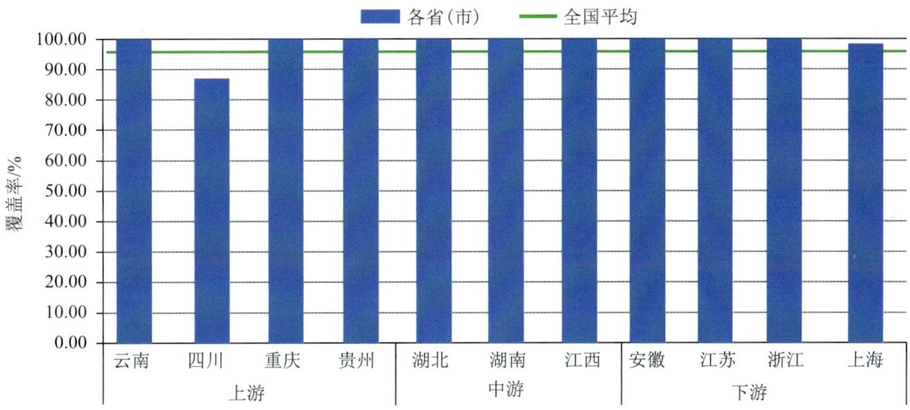

图 5.3 2015 年长江干流沿线各省(市)区域雷达站乡镇覆盖率

重庆全市 35 个台站全部完成新型站升级改造;启动风云三号卫星省级接收站建设;完成涪陵新一代天气雷达站址勘选及电测环境测评工作;完成 6 个气溶胶观测站、14 个太阳辐射站、7 个紫外线辐射站建设;积极推进"气象云"工程建设,已部署 68 台虚拟服务器。

浙江共享外部门观测站点 3300 个,站网密度达到 4.3 km,形成周边区域分钟级网格化监测产品。

上海全市所有地面观测台站实现全要素自动观测和流数据传输,新型观测资料已全部进入 MICAPS 平台。

截至 2015 年,长江经济带 11 省(市)共布设国家级自动气象站 895 套,平均间距 47.72 km;区域自动气象站 22079 套,平均间距 9.61 km(表 5.1),站点布局整体东密西疏,特别是在云南、四川、贵州,自动气象站布设仍显不足。

表 5.1 长江经济带各省(市)自动气象站布设及分析汇总表

序号	省(市)	国家级自动气象站数量/套	区域自动气象站数量/套	省(市)面积/(万 km²)	国家级站平均间距/km	区域站平均间距/km
1	上海	12	217	0.63	22.91	5.39
2	江苏	70	1231	10.26	38.28	9.13
3	浙江	62	1947	10.2	40.56	7.24
4	安徽	81	1962	13.97	41.53	8.44
5	江西	91	2307	16.70	42.84	8.51
6	湖北	81	2145	18.59	47.91	9.31
7	湖南	97	3454	21.18	46.73	7.83
8	重庆	35	1759	8.23	48.49	6.84
9	四川	156	4041	48.14	55.55	10.91
10	贵州	85	1664	17.6	45.50	10.28
11	云南	125	1352	38.33	55.38	16.84
	合计	895	22079	203.83	平均 47.72	平均 9.61

5.1.2 气象预报预测体系

依托高性能计算机系统，上海、湖北、四川相继建立了华东、华中、西南区域高分辨率数值天气预报业务系统，初步形成了精细化、网格化、数字化的预报预测产品体系，短时、短期预报精细到乡镇，中期预报精细到县域，城镇天气预报时效延长到 7 d。逐步实现了气象预警服务从单纯的天气预警，到面向对象的灾害性天气风险预警的转变，促进了气象要素预报向定量、落区及影响程度预报方向延伸。

目前上海已向公众发布空间分辨率达 3 km 的精细化格点预报，台风路径预报 24 h 误差小于 100 km；浙江已形成了 0～240 h 精细化、网格化、数字化预报预测产品体系；江苏提高空间分辨率到重点区域 1 km×1 km，提升时间分辨率到 0～2 h 逐 10 min、2～24 h 逐时、24～72 h 逐 3 h、72～168 h 逐 6 h。湖北实现了区域 9 km、省内 3 km 的暴雨精细化数值预报。

安徽推进以数值模式产品释用技术为支撑的气象要素精细化预报业务及以多源资料同化技术为基础的灾害天气预报预警业务，建立了 6 h 内逐时更新、格点分辨率 1 km、站点精细化至乡镇，24 h 内逐 3 h 更新、分辨率 3 km 的气象要素预报业务；自主研发了模式降尺度方法，提出以历史预测性能为依据的多模型综合集成方案。

长江干流沿线各省(市)晴雨预报准确率大多在 78%～90%，准确率自上游至下游逐渐增高(图 5.4)。暴雨预报准确率多在 25%～65%(图 5.5)。以湖北为例，其 24 h 晴雨、高温、低温预报准确率分别达到 87.87%、79.86%、89.99%，气候预测质量气温 62.3%、降水 65.5%，24 h 暴雨预报准确率超过 20%。

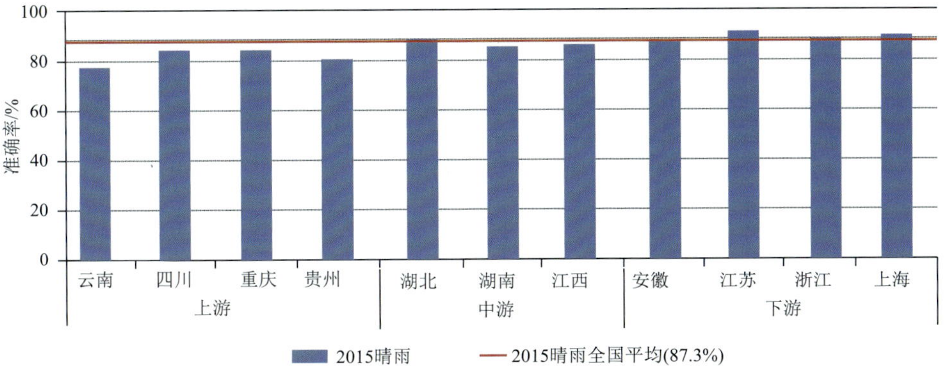

图 5.4　2015 年各省(市)地市级晴雨(雪)预报准确率

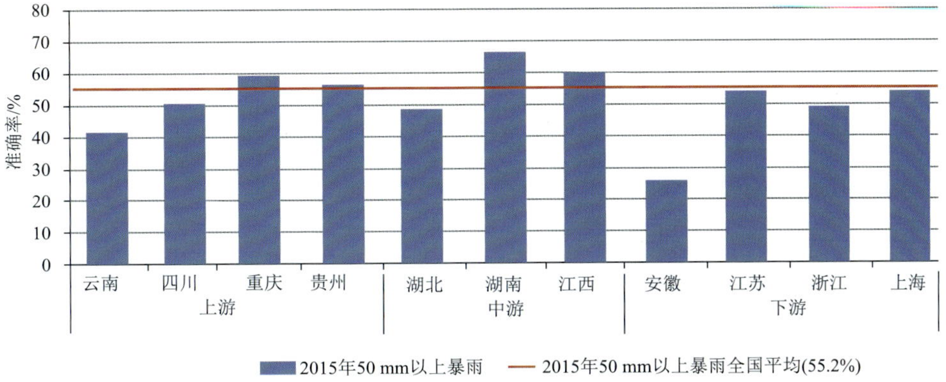

图 5.5　2015 年各省(市)暴雨公众预报准确率

5.1.3　气象防灾减灾综合保障体系

长江干流沿线 11 省(市)基本建成了“政府主导、部门联动、社会参与”的气象防灾减灾机制和多灾种气象灾害监测预警部门联动机制。出台了气象防灾减灾专项预案，推进了气象防灾减灾体系标准化和网格化服务管理，气象防灾减灾和应急处置能力稳步提升。

在长江上游区域：

(1)云南省 16 个州(市)、79 个县成立了政府气象防灾减灾机构。省级、州(市)级政府(100%)、123 个县(区)政府(98%)出台气象灾害应急预案；在雷电灾害高风险区农村建设了 9 个防雷减灾示范工程；建立了 304 人组成的气象应急队伍；

(2)贵州省 76 个县防灾减灾工作纳入地方绩效考核体系，83 个县、1371 个乡镇建立气象防灾减灾领导机构；建立气象灾害防御责任人、联络员、气象信息员队伍，达 31149 人。气象信息员管理纳入地方政府职责；安顺市自然灾害应急广播电台投入使用，覆盖到所有行政村，防灾减灾成效明显；贵州建立灾害性天气预警信息手机短信免费登记的服务新机制，有效提高了气象预警信息覆盖面和预警时效；目前登记用户已达 1086 万户，占全省手机用户数的 1/3，预警信息发布时效从审核通过到用户收到预警信息最快 8 min，一般在 25 min 之

内;该服务机制入选中国气象局 2015 年全面推进气象现代化阶段性亮点成果;

(3)四川省完成省、市、县三级气象灾害应急预案体系建设,98 个县建立气象防灾减灾领导机构。

在长江中游区域:

仅湖北在"十二五"期间,决策服务常年为各级政府及部门负责人发送的气象预警短信就超过 11.3 万条,为省委省政府领导提供的决策气象服务材料超过 1500 期,在 2011 年 9 月汉江秋汛杜家台分洪、2012 年 6 月两次异常雾霾天气过程、2012 年 7 月长江中游形成 1998 年以来最严重的汛情、2013 年全省严重干旱中均发挥了重要作用。公共服务方面,在 5 个省级、45 个市级、114 个县级电视频道每天播出 600 多分钟气象节目,开办了 45 个气象官方微博/微信,粉丝总数约 17 万人,气象短信服务用户约 300 万户,"12121"气象电话年拨打量近亿次。全省建成农村预警大喇叭 16213 套、电子显示屏 2833 个,基层气象信息服务站 1462 个。开展了农村网格化气象服务工作,与三大通信运营商建立了橙色以上预警信号全网发布绿色通道。

在长江下游区域:

仅浙江就建成气象防灾减灾标准化示范村 1023 个,发展气象信息员队伍 4.1 万人,与 18 个部门签署了战略合作协议,联合开展了 16 种灾害预警。

从图 5.6 可以看到,经济带各省(市)县级防灾减灾机构与应急准备制度办法均取得了长足的发展。

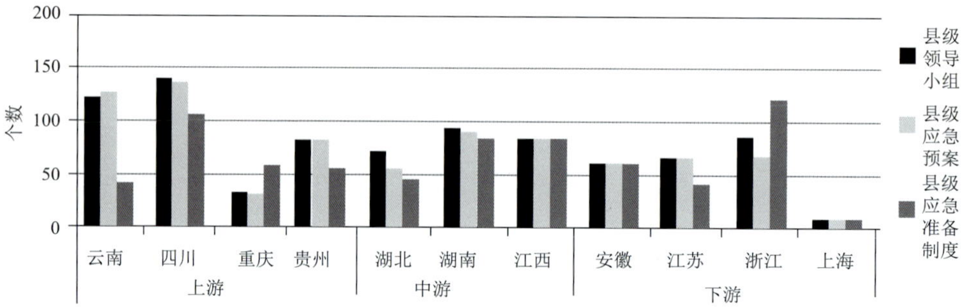

图 5.6 2014 年各省(市)县级机构及应急准备情况

各地均建立了决策及公共气象服务运行管理机制和业务服务平台,形成了一批种类多样、科技含量高和服务质量好的服务产品,畅通了决策服务专线、电视电台、"12121"气象电话、移动短信、国家突发事件平台、微博客户端等多种渠道,向地方党委政府、气象灾害防御责任部门、基层气象信息服务站、社会公众提供的各项服务受到了广泛欢迎和关注。

从图 5.7 可以看出,长江经济带各省(市)服务区域经济发展得到了社会的普遍认可,近 3 年的气象服务满意度各省均在 80%以上,其中中部地区满意度最高,均在 90%左右。

5.1.4 水文气象服务体系

长江流域水电气象服务起始于 20 世纪 50 年代,长江水利委员会在国内水利行业率先建立了气象预报业务,于 1972 年正式组建了长期水文气象预报业务机构,与国家级气象科

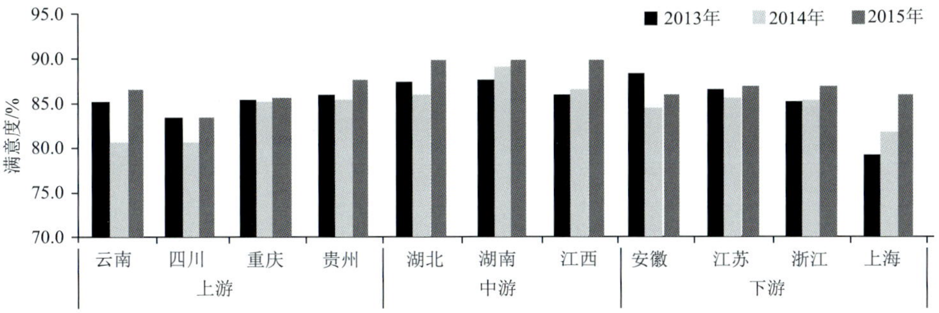

图 5.7　2013—2015 年各省(市)气象服务总体满意度

研业务单位、湖北省气象局等 10 余个单位开展了一系列葛洲坝工程服务研究，但直到 80 年代，气象部门的水电服务依然主要仍以资料服务为主。为服务三峡工程建设，1991 年起，中国气象局举全国之力，支持三峡气象服务中心（宜昌市气象局）开展工程建设气象保障服务，形成了全国水电气象服务示范。

2009 年 12 月，中国气象局组建长江流域气象中心，建立了上游、中游、下游分段组织实施的流域气象服务工作机制，成立了以中国气象局副局长为组长的长江流域气象服务协调委员会，形成了《长江流域气象服务办法》等相关业务规定，成立了长江流域中心办公室和水文气象预报台。整合流域气象部门资源，形成了整体面向地方政府、流域管理机构和水利水文部门开展气象服务的格局。

2011 年 4 月，长江防汛抗旱总指挥部（简称“长江防总”）将长江流域气象中心列入其成员单位，流域中心主任担任长江防总副秘书长，每年定期参加防总指挥长会议。2011 年 7 月，《中国气象局与中国长江三峡集团公司战略合作框架协议》正式签署，双方共同建设长江流域气象中心专业气象服务体系。目前流域中心的合作对象包括长江水利委员会（简称“长江委”）水文局、长江海事局、三峡集团、国土部三峡地灾防治指挥部、国家电网和地方电力部门等多家单位，服务对象包括长江委、长江防总、三峡集团、流域各省（市）应急办和防办及气象部门，部门合作、省际合作的层级大幅提升。

通过多年的技术研究和业务建设，长江流域气象中心取得了一系列成果：一是流域科研项目跨省份、跨部门联合攻关成果突出，国家专项支持和部门合作、局企合作多项支持取得成效，“三峡工程水库调度关键期流域气候特征及预测方法”“长江中上游流域洪水天气特征分析”等正式发布，“流域水文气象耦合关键技术研究及应用”获中国气象学会 2015 年气象科学技术进步成果奖；二是流域服务业务关键技术取得了显著进展，开展了“流域定量降水估测”“流域精细化面雨量预报”“流域旱涝气候趋势预测”“流域水文气象耦合模型”“长江上游洪涝风险预估模型”“流域水文气象信息共享平台”六大关键技术研发，形成了集综合监测、预报预测、风险评估、共享服务为一体，涵盖短时、短期、延伸期、中长期各时效的流域服务业务，长江流域气象服务综合业务平台在流域 14 个省（市）应用，735 个国家气象站、20000 多个区域气象站、84 部新一代天气雷达实现联网，产品数据实现了流域各省实时共享；三是长江流域防汛抗旱、水库科学优化调度气象服务屡次建功，为 2011 年汉江杜家台分洪及 2012 年长江上游大洪水、2016—2021 年区域性流域性大洪水、2022—2023 年极端高温干旱等过程的水利枢纽防洪兴利联合调度和汛末蓄水，提供了周密及时的气象服务，取得了良好的社会效益。

5.1.5 气象信息化水平

“十三五”期间，通信网络技术进一步规范化，带宽逐年递增，区域、省级建成万兆骨干局域网，省(市)宽带达到 20 M，市县宽带达到 4 M；数据库技术在气象业务领域并迅速普及，已经成为支撑业务系统和管理系统的核心；GIS 和计算机绘图技术逐渐应用到核心业务领域，成为天气预报、气候预测和气象服务等业务系统的核心技术；多媒体技术在视频会商领域得到了普及应用，气象预报的工作模式发生了深刻变化；移动通信技术的快速应用，大幅提高了气象观测、人工影响天气以及预警信息发布的业务能力；CIMISS 系统建成并正式稳定运行(“十四五”期间自主可控的天擎系统实现业务替代)，气象数据标准化、集约化得到加强，为气象大数据应用，开展云计算、云存储、云服务打下了良好的基础。以海量区域站数据应用为例，在信息化支撑下，长江经济带内各省六要素区域自动站资料可用率均达到了 95% 以上(图 5.8)。期间，各省还围绕区域发展开展了特色工作。

贵州成为金云工程试点省份，气象大数据应用创新中心落户贵阳。

重庆市气象局与中国科学院重庆绿色智能研究院合作扩建高性能计算机集群，已落实经费 3200 万元；全市广域网主备线路宽带分别从 4 M 和 10 M 均扩展为 16 M。

浙江深化部门联络和共享机制，实现水利、电力、电信、环保和测绘等部门 3977 站资料在省级数据中心统一存储，通过数字化平台、自动气象探测业务系统等实现业务共享。

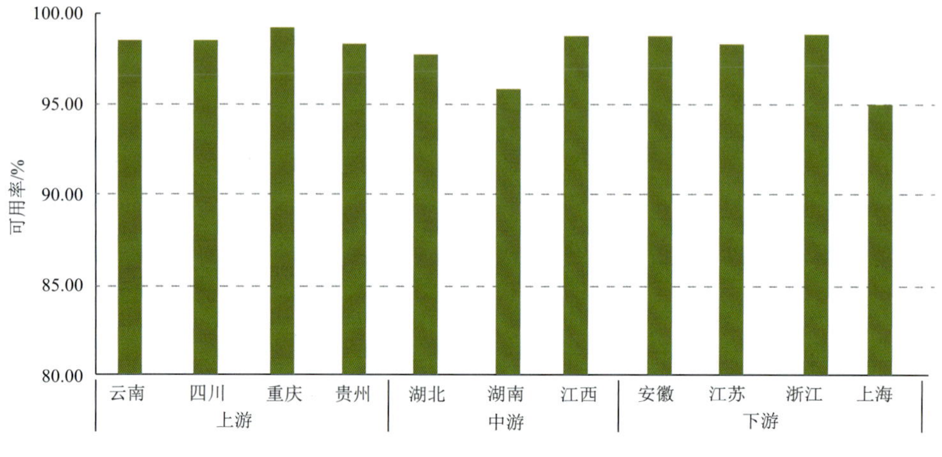

图 5.8 2015 年 6—9 月长江经济带内各省(市)区域自动站资料(六要素)可用率

5.1.6 科技创新体系

沿江各省聚焦重点领域，积极争取国家专项支持和部门合作、局企合作，开展了一系列跨省份、跨部门科研项目联合攻关。研发了一批具有实用性的科技成果，流域水文气象服务、交通气象保障、能源气象服务、城市气候服务、冰冻雨雪预警等多项成果获省部级科技奖励。科技创新体制机制得到完善，科技资源配置得到优化，科研共建合作机制不断深入。各省相继成立特点鲜明、具有活力的气象服务团队(图 5.9)。其中,仅湖北就组建了中尺度天气分析预报、流域水文气象预报、气象灾害风险评估、农业气象服务、能源气象、交通气象七个创新团队。

安徽省气象局与安徽大学、四创电子股份公司联合共建农业生态大数据实验室、气象雷达应用研究实验室等科技创新平台,以科技项目为纽带开展联合攻关。

上海市气象局强化多元合作机制,与华东师范大学、同济大学、复旦大学共建上海气象科技联合中心,与华东师范大学签署合作协议,与同济大学共建重点实验室;推动区域协同创新,构建区域气象科技资源共享平台,制定访问学者管理办法;拓展深化国际合作,启动 3 项世界气象组织(WMO)示范项目。

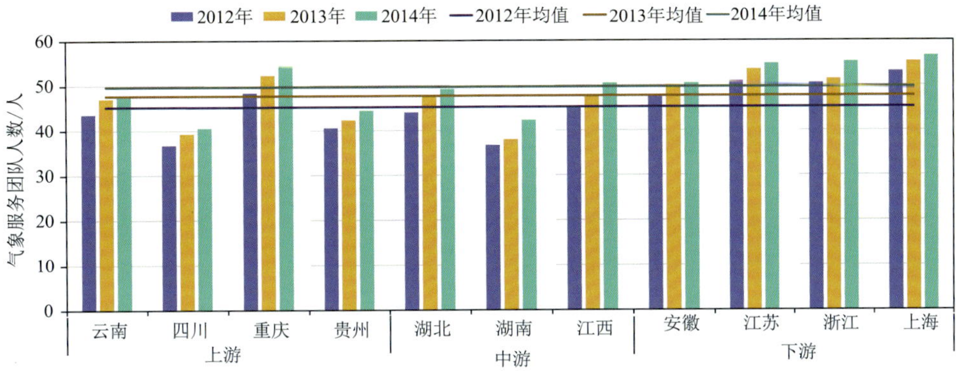

图 5.9　2012—2014 年各省(市)气象局人才总体素质情况

5.2　长江流域智能气象服务业务系统及推广应用

基于分布式计算框架、气象大数据云平台,从智能引导进行快速预报分析、快速制作流域服务产品的工作场景出发,研发了集气象水文信息联动分析、流域降水网格订正、产品自动制作发布和质量实时检验为一体,气象水利共享共用的智能高效气象业务系统。

5.2.1　系统工作智能引导规则

为实现系统智能引导开展长江流域气象预报工作,结合天气特征和调度规程,凝练出系统智能进行服务启动提醒的阈值规则。

(1)重大过程服务启动

当达到以下任一条件,考虑启动发布《长江流域重要气象报告》:

①天气流型预报将出现 8 种大洪水模型之一的,即可能出现 3 种长江上游大洪水降雨天气型(巴尔喀什湖槽东移型、贝加尔湖槽稳定型和东北低涡型)或 5 种长江上游、洞庭湖遭遇洪水降雨天气型(东北槽、巴尔喀什湖槽东移型和贝加尔湖槽东移型、乌拉尔山东部槽型、

双阻梅雨锋型及东北冷槽尾部型)之一的;

②三峡入库流量已达到 30000 m^3/s,长江上游天气流型预报将出现 4 种中小洪水模型之一,即可能出现 4 种长江上游中小洪水降雨天气型(纬向环流型、经向环流型、两高之间型、偏东气流型)之一的;

③8 d 内流域面雨量预报叠加实况达到面雨量阈值的,即对上游降水过程面雨量,4 个以上子流域均达到 55 mm、整个上游达到 65 mm 的降水要考虑上游大洪水的可能;对 10 d 内降水过程面雨量长江上游达到 80 mm、洞庭湖超过 90 mm 的降水要考虑可能形成遭遇型洪水;

④5 d 内主要支流降水过程面雨量超过 70 mm 或两个流域过程面雨量超过 50 mm;

⑤长江上游洪水预估三峡入库可能有 45000 m^3/s 以上流量来水;

⑥长江中下游主要控制站水位距离警戒水位 2 m 以内,且 7 d 内控制站上游主要支流降水过程面雨量超过 70 mm 或两个流域过程面雨量超过 50 mm。

(2)阈值指标的确定

水雨情阈值指标的确定如下。

①水文特征阈值的确定。以长江流域主要水库(图 5.10、图 5.11)的汛限水位、流量,主要水文控制站、河道站的设防水位、警戒水位、最高水位,长江上中游洪水传播时间及各主要支流产汇流时间等水文特征信息为对象,结合洪水案例和历史水情,对照国家防总、长江防总及三峡、金沙江等关键水库调度规程和年度调度方案,调整修正水库和江河控制站异常水情的水文特征阈值。

图 5.10　长江流域主要水库位置

图 5.11　长江流域主要水文控制站、河道站位置

②降水特征阈值的确定。以长江全流域 736 个国家站站点降水和流域分区方案(含长江委、三峡要求提供)的子流域面雨量为对象,应用上游中小洪水、上游与洞庭湖遭遇洪水研究成果的强降水站数、降水流域组合、过程面雨量等特征,结合三峡对预报服务的考核标准,确定流域异常来水的降水特征阈值(图 5.12)。

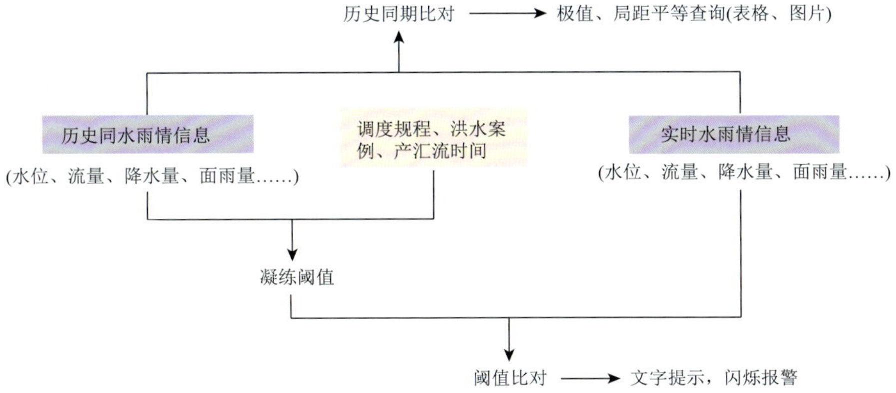

图 5.12 降水特征阈值的确定比对流程图

5.2.2 系统总体架构

长江流域智能气象预报业务系统作为气象大数据智能应用系统的一体化平台,是基于分布式计算框架上的气象预报服务系统,以基于云架构的数据管理系统、支持计算和存储的硬件系统来支撑构建。平台依托国家气象中心开发的 MICAPS4 网络平台框架开展建设,应用其支持分布式计算的 Storm 大数据框架与基于 Leaflet 的 GIS 框架,利用其有效对接 CIMISS 与 MICAPS4 分布式数据库即 Cassandra 的优势,在气象数据统一服务接口(MUSIC)与 MICAPS4 的网格数据服务接口(GDS)基础上扩展建立通用的数据存储和统一的数据访问接口,使平台开发符合气象大数据发展方向和及时跟踪国家级气象业务发展。系统前端框架是基于 Leaflet 的 WebGIS,采用新一代网络前端技术 HTML5,支持气象数据的高性能渲染,采取 WEB+GIS 的浏览器交互,并提供移动端对接支持;后台框架是基于 Spring Boot 开源框架与 Strom 流式处理,支持高并发、高性能数据访问服务。2023 年开始,数据层主要支撑由 CIMISS 转为天擎。其总体架构见图 5.13。

5.2.3 系统主要功能

系统平台除提供常规图像、列表、文本等方式实现信息数据的展示及输出外,重点支持在 WebGIS“一张图”交互方式下对长江流域各类信息数据的快速高效实时历史分析,提供便捷的图层叠加、底图切换、产品选择、动态播放、翻页显示等功能,支持漫游、缩放和信息拾取的同步交互。并按照预报服务开展的业务流程,从关注重点引导、监测共享查询、气候特征分析、天气综合分析、服务产品检索、产品制作及一键分发、专业服务场景应用和信息数据管理等进行功能设计。

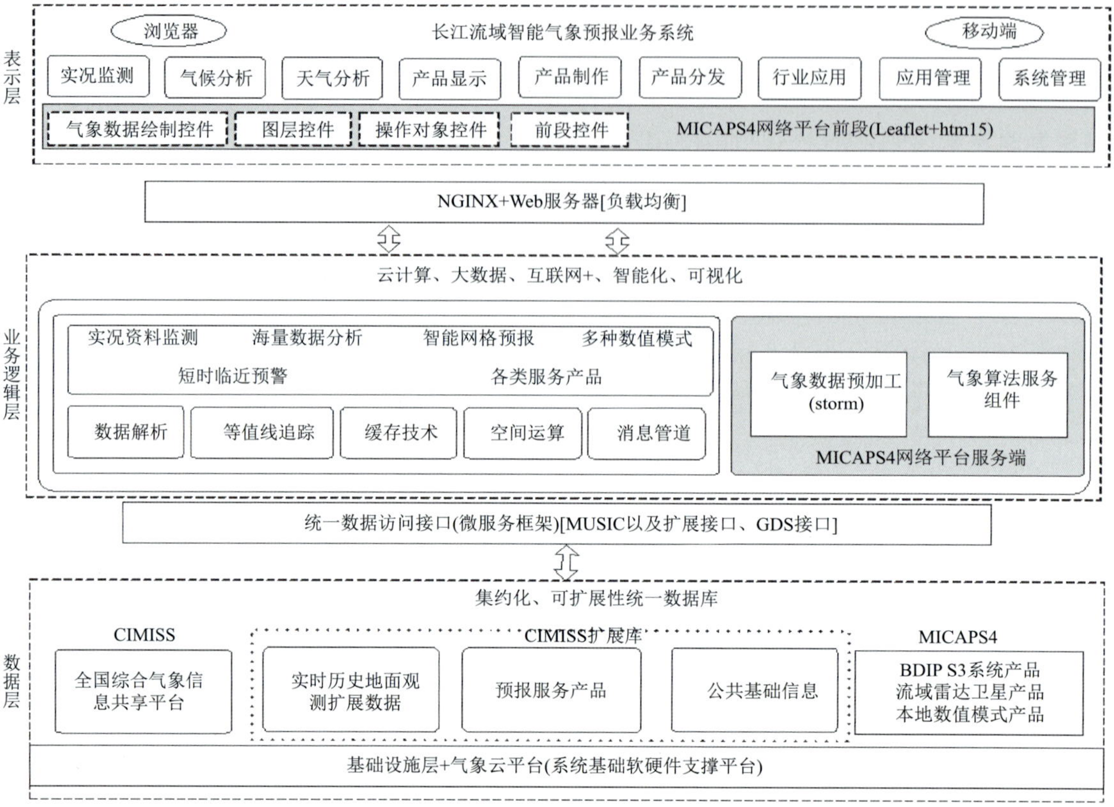

图 5.13 长江流域智能气象预报业务系统总体架构(2023 年起，数据层主要支撑由 CIMISS 转为天擎)

(1)关注重点引导提醒——主页面

为流域用户快速抓住预报服务关注重点开展服务，系统通过统一的访问首页地址，提供水雨情监测报警、水雨情概述和实时历史数据统计查询、面雨量预报报警、洪水预估预警。当雨情实况、面雨量预报达到服务启动规则标准，分别自动弹框提醒流域雨情快报、重要气象报告制作(图 5.14)。引导用户从海量数据中把握关键信息，及时开展服务。

(2)实况监测共享查询——监测预警

为跟踪监测天气变化，掌握气象影响行业信息，平台通过基于 WebGIS 的综合监测信息查询页面，提供长江流域气象监测数据、水文监测数据等监测信息的共享查询、显示及输出。对应用频次高的国家气象站、区域气象站单独建立 1 min、5 min、1 h、1 d 及任意时段观测要素的查询模块(图 5.15)；提供中国气象局和流域气象中心自行开发的融合实况查询模块；提供光流法外推等降水的外推预报查询模块；对已业务化的雷达、卫星、闪电等气象监测和水位、流量等行业交换监测信息建立统一实时查询模块。

(3)流域智能网格预报——格点订正

流域智能网格预报模块页面以 WebGIS 方式提供海量网格数据的处理和可视化交互，支持网格订正过程的时间、空间和要素间协同，支持文本、图片、表格及数据等多种类型的服务产品生成，提供预报员主观、多模式客观等产品的网格预报结果(图 5.16)。

图 5.14　长江流域一体化综合业务平台首页

图 5.15　长江流域一体化综合业务平台综合监测页面

提供各类主客观预报各流域分区的面雨量预报(图 5.17)。

(4)流域气候特征对比分析——气候分析

通过气候分析查询页面提供长江流域区域国家气象站自建站以来降水、气温、风等气象要素的距平百分率、历史排位、极端值、特征值日数统计(图 5.18)。平台支持日、旬、月等常用固定查询和任意时段特定用户查询，每天自动生成 1 个月以来的气候概况和亟须关注的气象灾害特征。

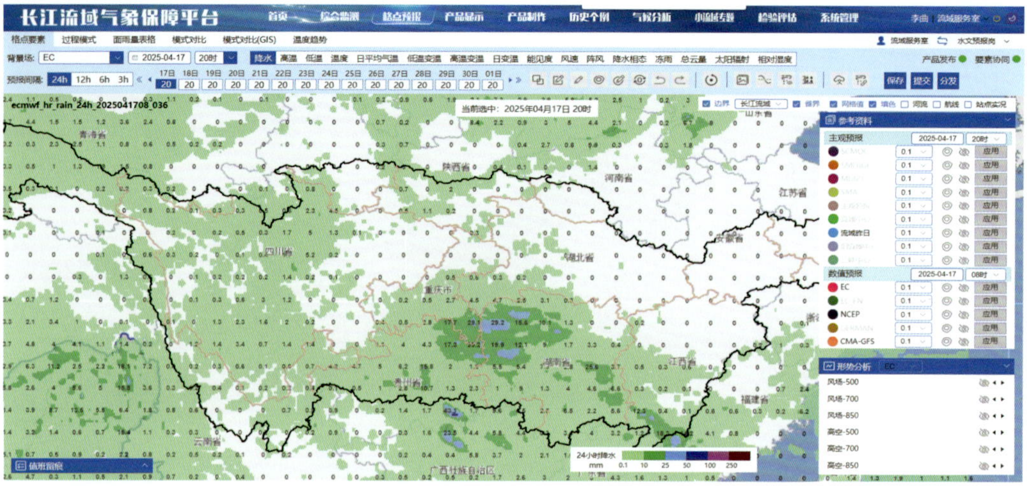

图 5.16　长江流域一体化综合业务平台格点订正页面

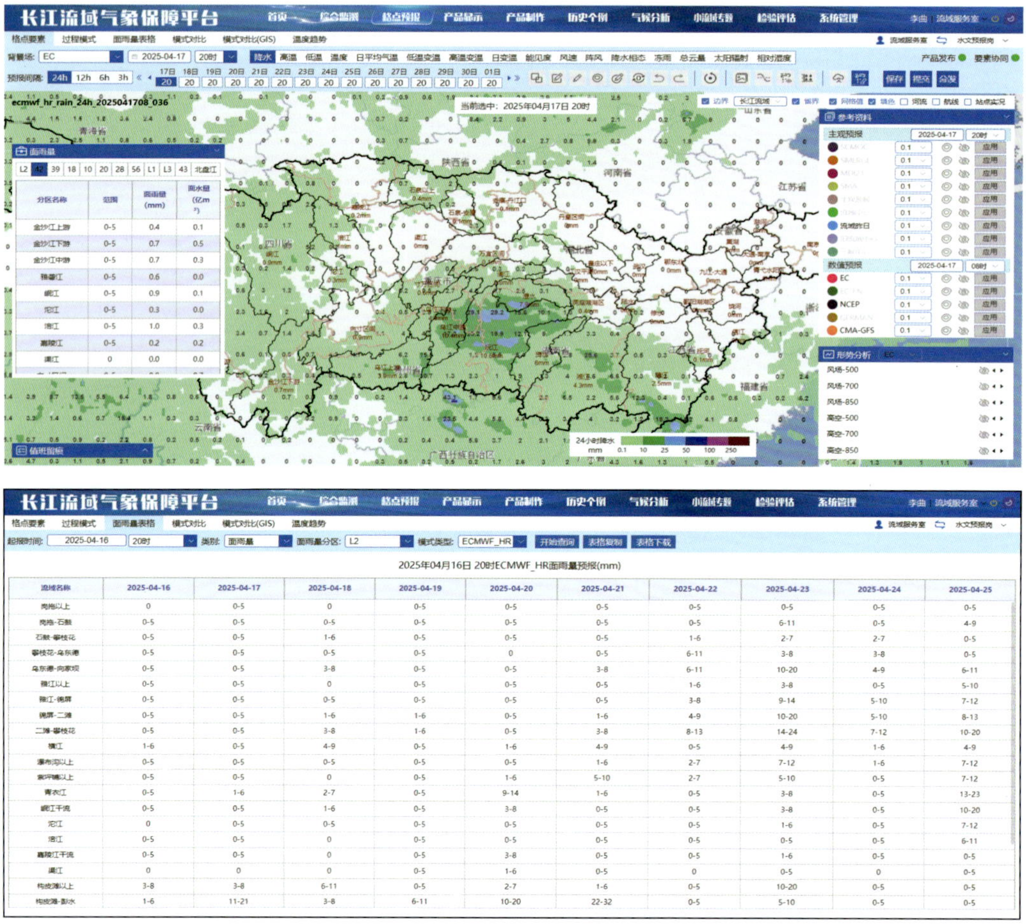

2025年04月16日 20时ECMWF_HR面雨量预报(mm)

流域名称	2025-04-16	2025-04-17	2025-04-18	2025-04-19	2025-04-20	2025-04-21	2025-04-22	2025-04-23	2025-04-24	2025-04-25
岗拖以上	0	0-5	0	0-5	0-5	0-5	0-5	0-5	0-5	0-5
岗拖-石鼓	0-5	0-5	0-5	0-5	0-5	0-5	0-5	6-11	0-5	4-9
石鼓-攀枝花	0-5	0-5	1-6	0-5	0-5	0-5	1-6	2-7	2-7	0-5
攀枝花-乌东德	0-5	0-5	0-5	0-5	0	0-5	6-11	3-8	3-8	0-5
乌东德-向家坝	0-5	0-5	3-8	0-5	0-5	3-8	6-11	10-20	4-9	6-11
雅江以上	0-5	0-5	0	0-5	0-5	0-5	1-6	3-8	0-5	5-10
雅江-锦屏	0-5	0-5	0-5	0-5	0-5	0-5	3-8	9-14	5-10	7-12
锦屏-二滩	0-5	0-5	1-6	1-6	0-5	1-6	4-9	10-20	5-10	8-13
二滩-攀枝花	0-5	0-5	3-8	1-6	0-5	3-8	8-13	14-24	7-12	10-20
横江	1-6	0-5	4-9	0-5	1-6	4-9	0-5	4-9	1-6	4-9
瀑布沟以上	0-5	0-5	0-5	0-5	0-5	1-6	2-7	7-12	1-6	7-12
紫坪铺以上	0-5	0-5	0	0-5	1-6	5-10	2-7	5-10	0-5	7-12
青衣江	0-5	1-6	2-7	0-5	9-14	1-6	0-5	3-8	0-5	13-23
岷江干流	0-5	0-5	1-6	0-5	3-8	0-5	0-5	3-8	0-5	10-20
沱江	0	0-5	0-5	0-5	0-5	0-5	0-5	1-6	0-5	7-12
涪江	0-5	0-5	0	0-5	0-5	0-5	0-5	0-5	0-5	6-11
嘉陵江干流	0-5	0-5	0	0-5	3-8	0-5	0-5	1-6	0-5	0-5
渠江	0	0	0	0-5	1-6	0-5	0	0-5	0	0-5
构皮滩以上	3-8	3-8	6-11	0-5	2-7	1-6	0-5	10-20	0-5	0-5
构皮滩-彭水	1-6	11-21	3-8	6-11	10-20	22-32	0-5	5-10	0-5	0-5

图 5.17　长江流域一体化综合业务平台面雨量联动及分区预报

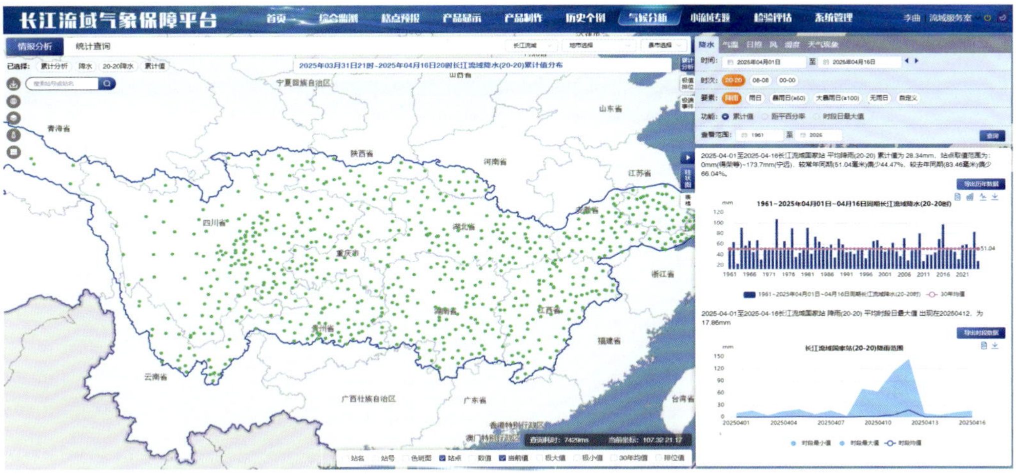

图 5.18　长江流域一体化综合业务平台气候分析页面

(5)综合服务产品制作——产品制作

系统提供模板定制功能，可通过设定产品所需的监测统计、预报预测和服务建议的合成规则，自动形成各类服务产品；支持表格、图片、文本及数据的自动插入；支持制作过程中对疑误数据的交互订正(图 5.19)。

(6)服务产品关联检索——产品显示

为便于用户快速查找关联性高的服务产品来开展相关服务，系统提供各类流域服务产品的集约共享和关联检索。提供 WebGIS 图层叠加、表格、图表等可视化检索，也可提供接口方式的批量检索(图 5.20)。

(7)主客观预报检验评估——预报检验

提供主客观、多模式预报实时联动计算对比(图 5.21)，为预报员进行模式研判、提升预报准确率提供科学评价参考依据。

系统为长江流域气象服务和信息共享提供了气象、水利一体化平台支撑，深度融入三峡水库调度业务系统，实现全国气象部门推广。

5.2.4　系统推广应用

(1)推广应用情况

2015 年开始，洪水天气模型相似判别纳入三峡气象会商固定内容；2015 年，长江流域气象中心在中国气象局的支持下，在全国气象部门率先建立流域网格预报业务，涵盖降水网格预报制作功能的流域服务系统在长江、黄河、海河、松花江、松辽等全国各大流域气象中心得到推广应用，引领流域业务 2016 年开始从粗放固定分区的面雨量跨度预报向精细任意分区的网格定量降水预报转变，实现了长江流域降水网格预报业务化，较全国智能网格提前 3 年。2018 年，长江流域基本建成无缝隙、高精度、定量化、网格化的降水网格预报体系，降水网格预报开始对接水库调度，应用于每日气象预报服务、气象水文联合会商和洪水分析预报。特别是在 2020 年流域性大洪水应对中网格预报、洪水天气模型均发挥出了关键作用，

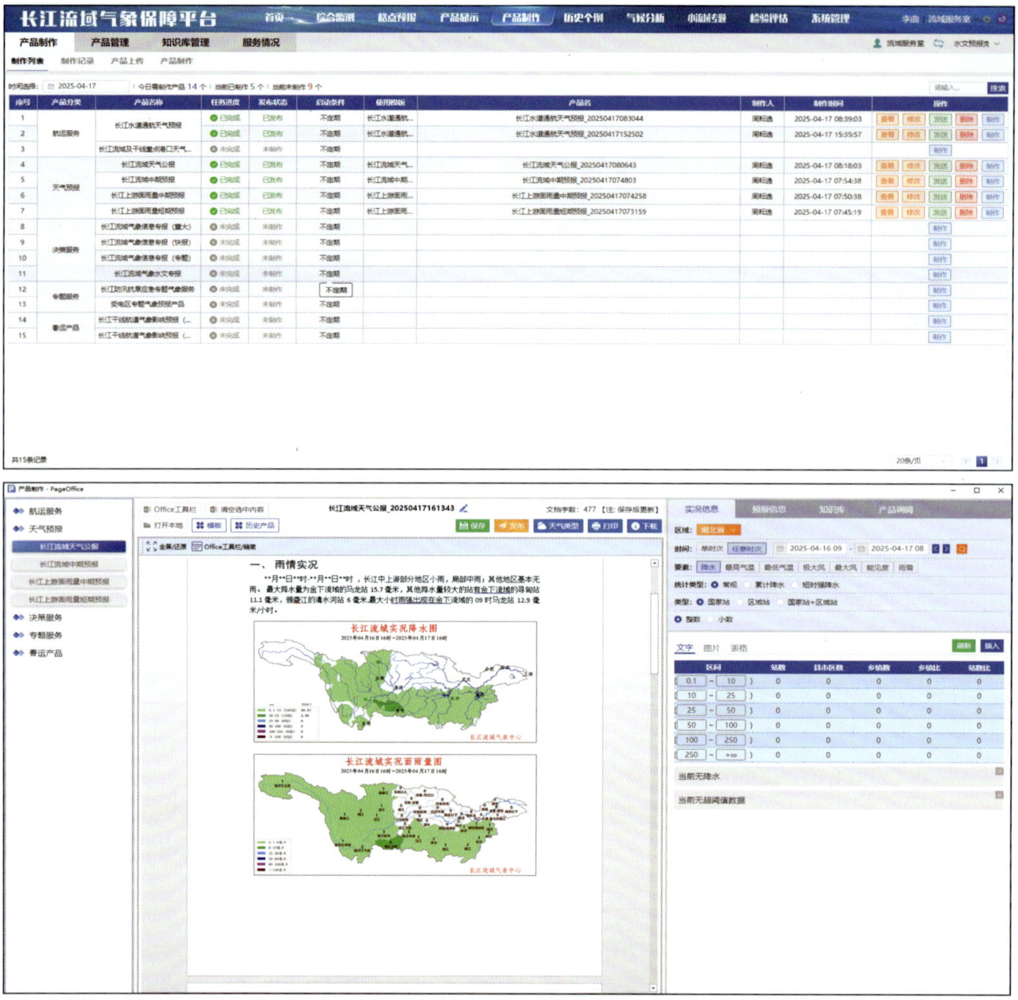

图 5.19　长江流域一体化综合业务平台产品制作页面

图 5.20　长江流域一体化综合业务平台产品显示页面

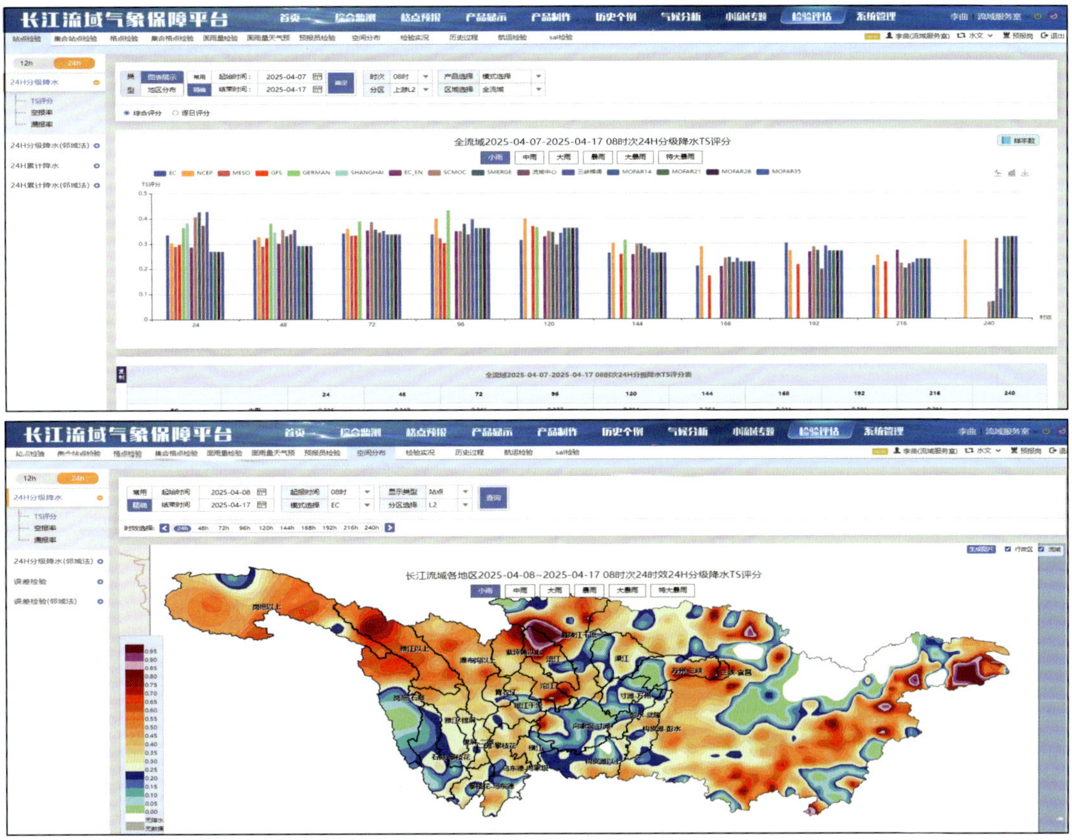

图 5.21　长江流域一体化综合业务平台检验评估页面

有力支持了历次洪水防汛调度。

(2)气象水利业务系统融合情况

依托长江流域智能气象预报业务系统，为三峡和长江水利委员会构建了基于气象大数据平台的气象预报业务系统。真正做到变革资源使用模式、气象水利互动方式，实现数据实时同步、平台双方共用、业务深度融合，形成了气象、水利智能协同的水文气象服务新模式。

5.3　系统应用服务案例

5.3.1　气象预报分析

2016—2019 年连续 4 年、2021 年长江均发生区域性大洪水，2020 年还发生全流域型大洪水，长江干支流多地水位超保证、超历史，2020 年三峡工程遭遇建库以来最大洪峰，通过预报技术创新应用和值班预报员的敏锐预判，历次洪水天气长江流域气象中心均提前 9 d 以上进行预报。

2016—2020年应用表明，利用洪水天气流型能提前9 d以上准确识别出历次流域编号洪水类型；0～3 h光流法外推预报突发强降水误差控制在11%；采用融合多模式动态优选集成、经验客观化的短中期降水预报技术，7 d以内降水预报均可直接输入水文模式，对水文预报的精度提高和延长洪水预见期起到了较好的支撑作用；基于概率匹配和集合预报的分季分时最优集成预报技术，8～15 d降水预报对强降水过程和降水趋势有一定的指示意义，可对来水趋势预报提供一定的参考。

(1)2020—2021年长江流域大洪水气象服务情况

2020年，长江流域出现流域性大洪水，其中7月2日、17日、26日以及8月14日、17日长江上游形成5次洪水；2021年出现明显华西秋雨，形成长江上游1次编号洪水、汉江“超长超强”秋汛。

①洪水天气模型准确识别出历次洪水类型(表5.2)

表5.2 利用洪水天气模型开展大洪水预报服务情况

事件	预计	服务内容
2020年1号洪水	6月底7月初长江上游可能出现较大洪水	长江流域多强降水，与上游洪水天气模型相似
2020年2号洪水	上游有可能出现第2次大洪水	与上游洪水天气模型相似，还有可能与下游洪水形成遭遇
2020年3号洪水	上游可能出现第3次大洪水	与上游洪水天气模型相似；长江流域将有较明显降雨，干支流水位高，本次降雨叠加效应影响大
2020年4号、5号洪水	上游可能出现超强大洪水	与上游洪水天气模型相似，类同2012年；此轮降雨强度大、雨带相对稳定、极端性强
2021年长江1号洪水	9月3—6日长江上游形成	与上游洪水天气模型相似 华西秋雨偏早17 d，长江上游岷嘉流域及汉江上游地区降水偏多

早在2020年6月15日，就研判出6月下旬天气形势符合长江上游洪水天气模型(图5.22)，在与服务会商中明确指出上游洪水过程，为三峡工程从容应对提供了依据。2020年7月2日10时，三峡水库迎来长江第1号洪水，峰值53000 m^3/s。

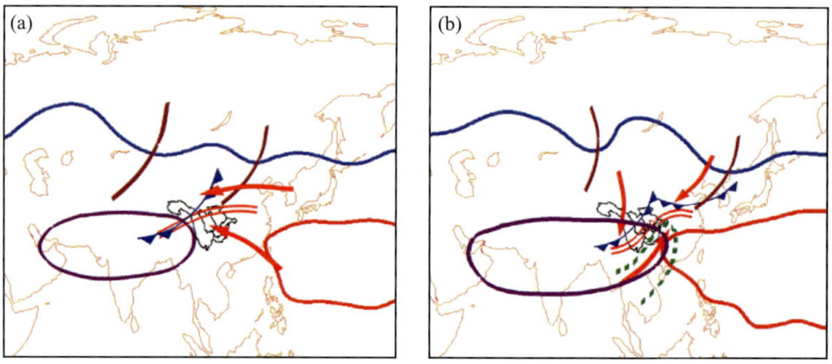

图5.22 2020年7月6日预报出后期2号上游大洪水将与中游洪水遭遇
(a)6月下旬天气形势；(b)纬向环流型洪水天气学概念模型

②光流法对长江流域降水 0～3 h 临近预报改进

(a)2020 年

引发 2020 年长江流域性大洪水共有 17 次降水过程，其中 6 月 7 次，分别为 1—3 日、5—7 日、7—9 日、11—13 日、15—17 日、20—25 日、26—30 日；7 月 5 次，分别为 1—3 日、4—9 日、10—12 日、14—19 日、24—27 日；8 月 5 次，分别为 6—9 日、10—12 日、14—17 日、19—20 日、29—30 日。

选取 2020 年 6 月 27 日 11—14 时这一时间段的 3 h 累计雨量，比较实时业务中光流法雷达外推、武汉 RUC 快速循环同化模式（2020 年 6 月 27 日 08 时起报）预报效果（见图 5.23）。实况显示此时间段长江流域主要强降水落区位于四川东部、重庆南部和湖北西南部、湖北西部 4 个强降水中心，最强中心湖北西部当阳 3 h 累计雨量多站超过 150 mm。可以看到，除四川东部外，光流法雷达外推预报出了其他 3 个中心，而快速循环同化模式仅预报出了湖北西部的强降水中心，光流法雷达外推在 0～3 h 临近预报上要好于快速循环同化模式。

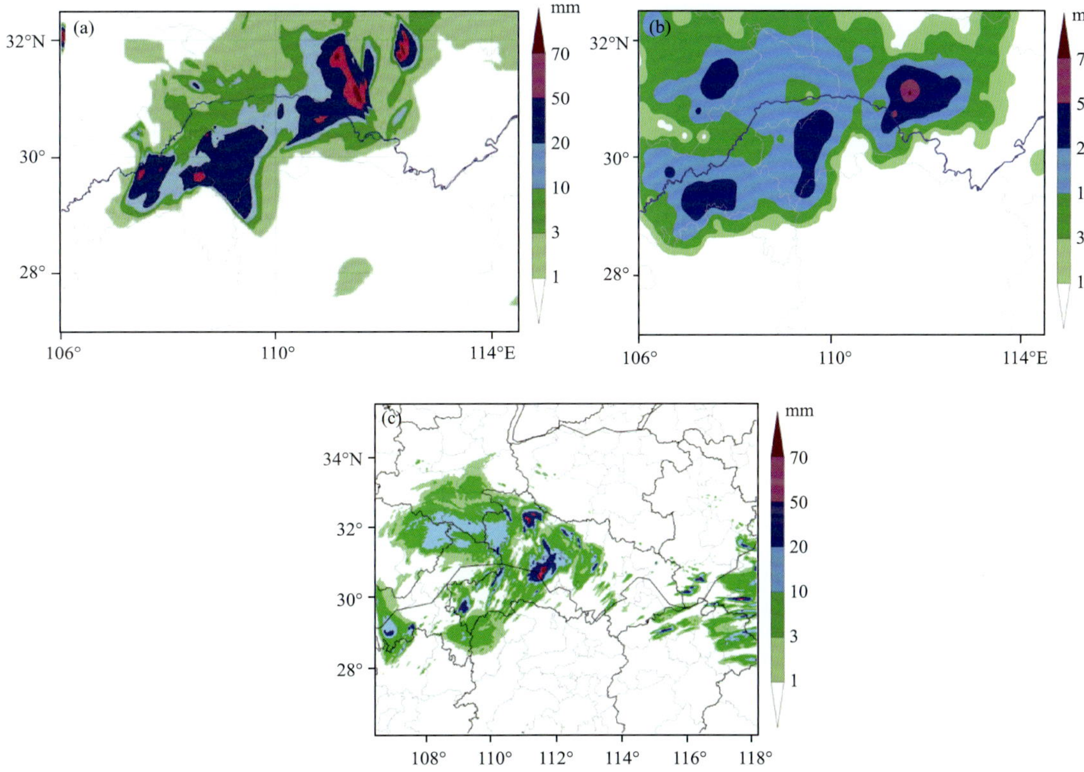

图 5.23 2020 年 6 月 27 日 11—14 时 3 h 累计雨量区域气象站实况(a)、雷达外推预报(b)、武汉 RUC 预报(c)对比

由于光流法临近降水预报较三源格点实况降水产品各级别上整体绝对误差率仅为 1.6%～10.3%，且要好于数值模式预报。因此，在流域水文气象预报业务上，现将光流法 0～3 h 临近降水预报结果应用于长江流域定量降水预报，代替目前直接使用的数值模式输

出结果。

(b)2021 年

2021 年汉江秋汛期间，南阳鸭河口水库 9 月 25 日出现超历史特大洪水，其入库流量从 9 月 24 日 08 时的 210 m^3/s 猛涨到 9 月 25 日 03 时 40 分的 18200 m^3/s，水文部门统计超过了千年一遇洪水标准。

本次过程，9 月 24 日 23 时长江水利委员会紧急与长江流域气象中心电话会商。流域中心通过天气系统和雷达回波分析，并结合光流法外推 3 h 降水预估为 182 mm 的结果，迅速回复：因列车效应，南召附近未来 3 h 强降水维持，预计还有 200 mm 以上降水，加之前 3 h 已经出现 100 mm 的降水，预计降水中心将达到 300 mm。

实况显示：2021 年 9 月 24 日 20 时—25 日 08 时，纳入考核的气象测站最大降水为南召马市坪区域站 226 mm，国家 5 km 三源融合实况降水最大中心 330 mm，1 km 融合实况降水最大中心 414 mm(图 5.24)。

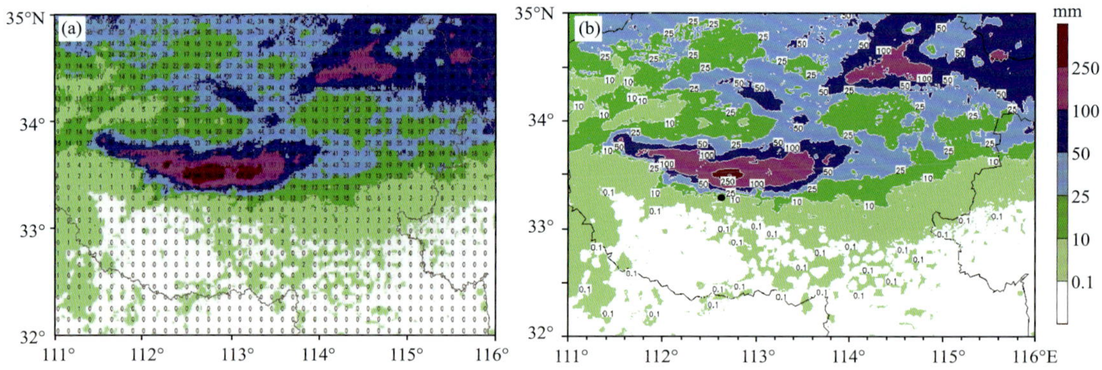

图 5.24　9 月 24 日 20 时—25 日 08 时 5 km(a)和 1 km(b)融合实况

(2)2020 年长江流域性大洪水主降水日气象预报对比

2020 年长江发生了自 1949 年以来第三大流域性洪水，7 月 2 日、7 月 18 日、7 月 27 日、8 月 15 日、8 月 20 日三峡入库洪峰流量均超过 50000 m^3/s 编号标准。通过将引发 5 场编号洪水的 6 月 27 日、7 月 16 日、7 月 25 日、8 月 11 日、8 月 15 日这 5 个主降水日的 MDI-21 方法与 ECMWF、NECP 对长江上游的 24 h 预报结果对比，结果均表明：MDI 法预报成果相较于单一的数值预报模式产品具有明显优势，对雨带的位置和强度均有很好的订正作用，预报效果更接近于实况，主汛期 24 h 暴雨预报准确率较 EC 基础上提升了 25%。

①主降水日 MDI 方法与 ECMWF、NECP 预报对比

1 号洪水主降水日：6 月 27 日渠江、长江上游干流、乌江等地产生了东西向带状分布的大到暴雨量级降水；从图 5.25 可以看出，相对于 NCEP 的预报效果，MDI 和 EC 对雨带的位置和强度的预报更接近于实况；而 EC 产品出现了一个大暴雨量级的降水，强度较实况明显偏强，MDI 产品在落区和量级均做出了较准确的预报，尤其大雨以上量级的预报与此次实况更贴近。

2 号洪水主降水日：7 月 16 日在渠江、长江上游干流等地发生了一次大到暴雨量级的降

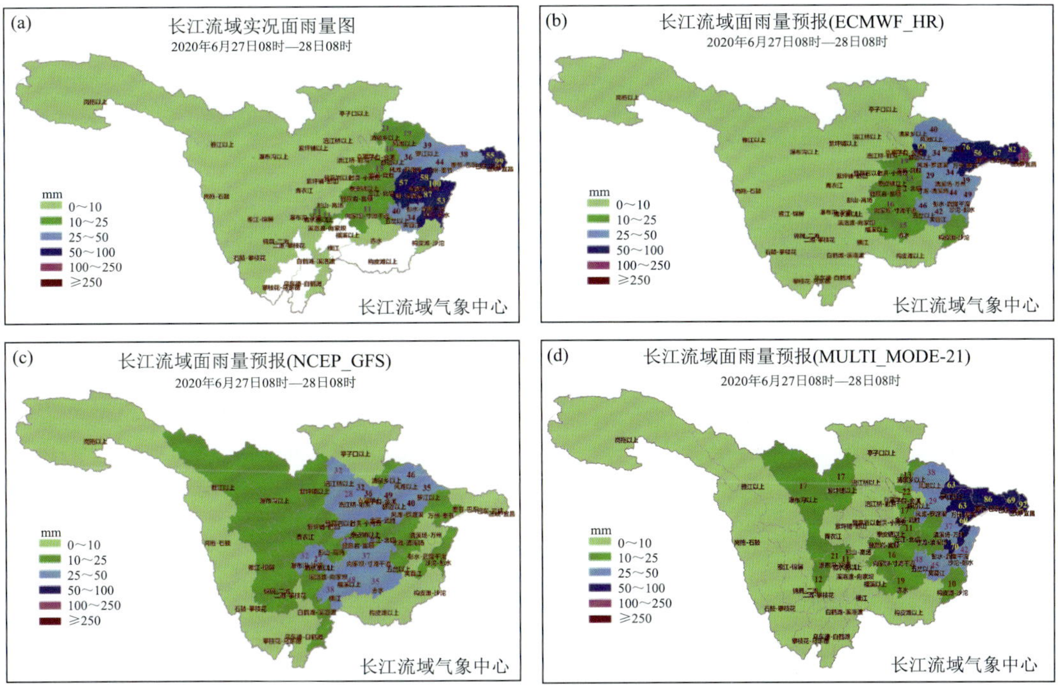

图 5.25　6 月 27 日长江上游的降水实况(a)以及 ECMWF(b)、NCEP(c)、MODE-21(d) 24 h 预报面雨量示意图

水；MODE 相较于单一的数值预报模式产品在此次过程中体现出明显优势，对降水落区和量级均做出了较准确的预报，大雨以上量级的预报降水与实况基本一致。

3 号洪水主降水日：7 月 25 日，岷沱江、嘉陵江流域、长江上游干流等地大部地区中到大雨，局部暴雨；此次过程中，NCEP 产品与 MODE 产品对降水落区均做出了较准确的预报，但仅从暴雨量级的预报效果来看，MDI 产品有更好的订正作用。

4 号洪水主降水日：8 月 11 日，岷沱江、嘉陵江流域等地发生了一次大到暴雨量级的降水；此次大暴雨量级的降水，仅有 MDI 产品有表现，相对于其他单一的数值预报模式产品，MDI 产品对降水落区和量级均具有较好的参考意义。

5 号洪水主降水日：8 月 15 日在长江上游以北地区产生了东西向带状分布的暴雨至大暴雨量级的降水，EC 和 NCEP 的预报量级较实况明显偏小，而对于 MDI 产品，不仅对雨带位置的预报更接近于实况，其整体的降水强度与实况具有更高程度的相似性。

②主降水日集合预报 OES 产品与 ECMWF 预报对比

基于概率匹配和时空细化搭建集成方案所建立的集合预报 OES 产品成果，对雨带走向、极端强降水中心位置和强度、强降水预报提前量上有较好的预报指示意义，尤其是对 8 月 11 日嘉陵江、岷沱江强降水过程，早在 8 月 2 日提前 240 h 做出了预报，而单一的 ECMWF 模式确定性预报直到 8 月 5 日仍未预报出上游强降水(图 5.26)。

(3)长江流域大洪水气象预报应用情况

2020 年长江流域性大洪水三峡入库流量预报：三峡在开展三峡水库入库流量预报时，

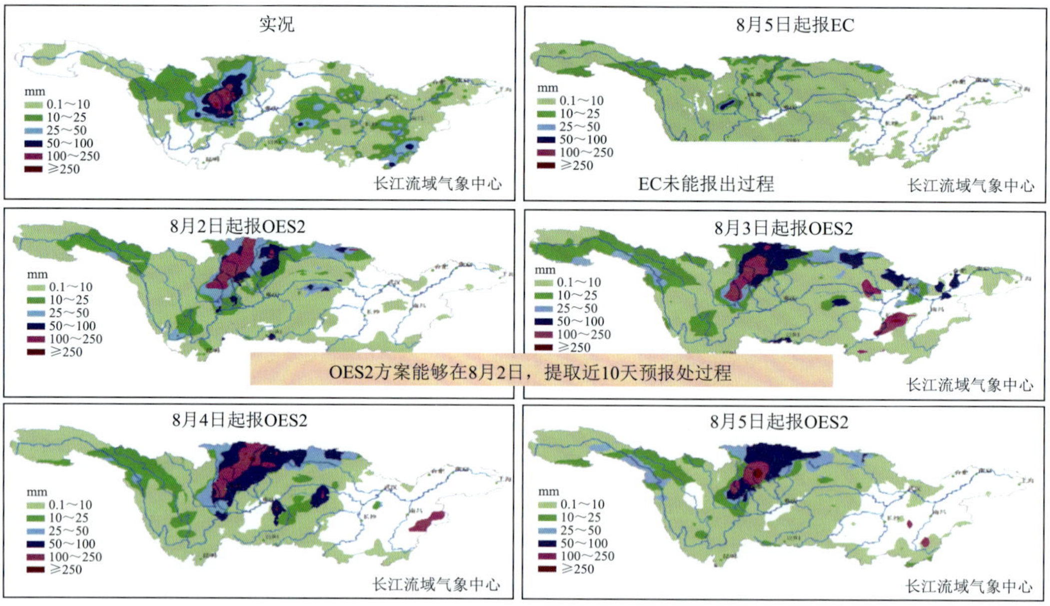

图 5.26　2020 年 8 月 12 日 08 时 24 h 降水实况及 EC、OES2 预报

将精细化降雨预报结果作为水文模型输入，有效提高了预报精度，延长了预见期。5 场编号洪水预报统计表明，3 d 预见期洪峰预报精度达 94%，为长江流域梯级水库群开展联合防洪调度提供了重要的技术支撑。

表 5.3 为三峡水库入库流量在这 5 场编号洪水中的计算精度。表中实际流量中的 6 h 是指水调数据库中 6 h 平滑流量；2 h 是指根据 2 h 的反推入库，采用 3 个时段滑动平均，得到的 2 h 平滑流量。以 6 h 平滑流量统计，平均相对误差 10.51%，以 2 h 平滑流量统计，平均相对误差 8.31%。

表 5.3　三峡入库流量复演精度统计表

洪水编号	洪峰时间	实际流量/(m^3/s)		计算流量/(m^3/s)	绝对误差/(m^3/s)		相对误差/%	
		6 h	2 h		6 h	2 h	6 h	2 h
1 号洪水	7 月 2 日	53000	57000	66000	13000	9000	24.53	15.79
2 号洪水	7 月 18 日	61000	68600	70000	9000	1400	14.75	2.04
3 号洪水	7 月 27 日	60000	59500	65100	5100	5600	8.50	9.41
4 号洪水	8 月 15 日	62000	60800	60600	−1400	−200	−2.26	−0.33
5 号洪水	8 月 20 日	75000	85000	73100	−1900	−11900	−2.53	−14.00

2021 年汉江致洪降水预报检验：2021 年 8 月 21 日华西秋雨开始，较常年(9 月 9 日)偏早 19 d。从 8 月 21 日—10 月 8 日秋汛持续了近 50 d。由于长江流域气象中心基于 5 km 融合实况的格点检验，只提供全流域 39 分区和长江上游 18 分区的实时计算结果。上述两种分区方案未单独划分汉江上游，因此对本轮秋汛的重点子流域汉江上游，采取分级降水站点领域法检验，8 月 21 日—10 月 8 日各家模式暴雨预报检验显示(表 5.4)，EC、NCEP、CMA-

MESO、CMA-GFS 等模式在汉江上游 24 h 暴雨 TS 评分分别为 30.9、17.3、28.6、29.2。流域中心自主研发的多模式动态优选集成客观方法 TS 评分为 43.3，同样明显高于其他单一客观模式，在 EC 基础上提升了近 40%。

表 5.4　汉江上游 2021 年 8 月 21 日—10 月 8 日 08 时次 24 h 暴雨降水(邻域法)TS 评分表

客观预报	24 h	48 h	72 h	96 h	120 h	144 h	168 h	192 h	216 h	240 h
EC	0.309	0.317	0.258	0.194	0.159	0.087	0.16	0.104	0.097	—
NCEP	0.173	0.182	0.167	0.101	0.185	0.11	0.105	0.018	0.082	0.082
MESO	0.286	0.305	0.269	—	—	—	—	—	—	—
GFS	0.292	0.181	0.184	0.163	0.102	0.038	0.112	0.033	0	—
MOFAR28	0.433	0.391	0.333	0.187	0.156	0.124	0.194	0.068	0.107	0

5.3.2　洪水预报分析

(1)径流预报

开展三峡水库入库流量预报时，将精细化降雨预报结果作为水文模型输入，有效提高了预报精度，延长了预见期。5 场编号洪水预报统计表明(表 5.5)，3 d 预见期洪峰预报精度达 94%，为长江流域梯级水库群开展联合防洪调度提供了重要的技术支撑。

表 5.5　汛期三峡 5 场编号洪水洪峰预报误差统计表

预报依据时间	实况		预报		误差		预见期/h
	洪峰流量/(m^3/s)	出现时间	洪峰流量/(m^3/s)	出现时间	洪峰流量	峰现时间	
7 月 1 日 08 时	53000	7 月 2 日 14 时	48000	7 月 2 日 08 时	−13.70	6	30
7 月 16 日 08 时	61000	7 月 18 日 08 时	58000	7 月 18 时 08 时	−4.92	0	48
7 月 22 日 08 时	60000	7 月 27 日 14 时	60000	7 月 27 日 20 时	0.00	6	126
8 月 13 日 08 时	62000	8 月 15 日 08 时	59000	8 月 15 日 08 时	−4.84	0	48
8 月 17 日 08 时	75000	8 月 20 日 08 时	70000	8 月 20 日 08 时	−6.67	0	72

(2)三峡水库防洪调度

三峡水库作为长江流域的防洪骨干工程，科学开展优化防洪调度，对于保障下游防洪安全具有重要意义。2020 年，运用高精度的精细化降雨预报结果，准确预报了长江流域 5 场编号洪水(图 5.27)，结合预报入库流量，对三峡水库实施防洪调度，拦蓄洪水达 254 亿 m^3，5 场编号洪水三峡水库的削峰率均达到 33%及以上，有效应对了流域性大洪水。引自《中国水利》2023 年第 22 期文章《三峡水库优化调度实践与思考》(褚明华 等，2023)，在应对长江 5 次编号洪水过程中，上中游 30 余座控制性水库累计拦蓄洪水 490 余亿 m^3，其中三峡水库拦蓄洪水 254 亿 m^3，降低了长江中下游洪峰水位 0.3～3.6 m，缩短中下游干流主要控制站水位超警戒 8～22 d，成功避免荆江分洪区运用，避免转移 60 余万人、淹没耕地 49.3 万亩。气象降雨预报为充分发挥三峡水库综合效益提供了有力的技术支撑。

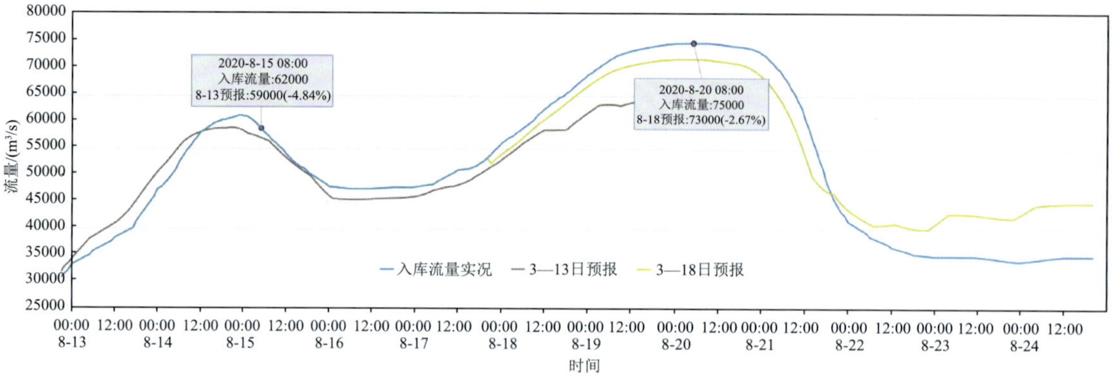

图 5.27　长江 4 号、5 号洪水过程

第 6 章
发展与展望

在全球气候变暖背景下，长江流域的旱涝灾害十分突出，20 世纪以来就出现全流域 8 次大涝、7 次大旱。如 1998 年、2020 年气候变化引起的流域水资源和旱涝特征的变化，对三峡—金沙江下游梯级水电工程的安全运营产生影响，导致大涝年防洪调度任务加重，暴雨强度和次数的增加可能引发地质灾害的发生；干旱年来水不足、供水保证率下降、发电不稳。

党的二十大报告提出“要积极稳妥推进碳达峰碳中和”“加快规划建设新型能源体系，统筹水电开发和生态保护”，并强调要守住能源安全底线。保障清洁能源发展，做好“碳达峰、碳中和”目标愿景下能源安全气象服务，需要充分结合水电企业发展和服务需求，支撑“源—网—荷—储”联合优化调度运行。需要紧密围绕清洁能源和长江生态环保“两翼齐飞”的发展战略，大力发展基于场景、基于影响的气象服务，提升服务的适配性和融入度，提升服务的数字化智能化水平。

随着面向流域的水文气象学科发展和应用领域需求在不断扩展延伸，要求以当前防汛抗旱和水库调度为主的流域气象服务向更加准确和精细方向发展，要求水资源优化调度回应多部门、多行业对防汛、发电、通航、生态等的不同关切，而移动互联、云计算、大数据处理和数据挖掘、机器智能学习、虚拟可视化等信息新技术的快速发展和应用，也要求水资源的开发利用要应用信息化技术进行协同创新、信息共享、行业融合，为水资源的优化配置提供技术支撑。需要根据气候变化规律，结合气象预报预测技术应用，进一步强化、优化调整水库水资源调度运行规则和规程，提高水库洪水资源利用率，最大限度发挥重大水利工程防洪、供水、发电、航运和生态等综合效益。因此，未来流域水电气象应用服务的发展，需着重在以下几个方面开展。

(1)提升长江流域梯级水电建设和运行调度气象保障服务能力

①大型水电工程施工建设及安全运行现场保障

围绕面向长江中上游大型水电工程施工建设和安全运行现场保障服务需求，进一步提升大型电站的灾害性天气预警能力，服务水库优化调度、发电正常外送、船闸安全通航等安全生产，保障工程建设施工安全，防范坝区区域的暴雨、雷电、大风、持续性高温等气象灾害风险，减少灾害损失。

②长江中上游梯级水库群防洪兴利优化调度服务

围绕长江中上游梯级水库群防洪兴利优化调度，提供流域年度、关键季旱涝趋势预测，支持梯级水库群年度和关键季调度方案及运行计划编制；提供流域关键期定量降水预报预测，支持水库群关键期调度方案计划的调整；在提供流域 10 d 以内中短期精细化网格降水预报的基础上，将强降雨过程预报时效扩展到 14 d，支持水库群实时调度和中小洪水的优化利用；开展冬春季(1—4 月)高原融雪影响预报，支持金沙江枯水期雪融来水高效利用；开展 11～30 d 的延伸期过程、不同流域面雨量预报和高分辨率网格预报，开展流域月、延伸期预测预报服务；开展水库调度关键期、汛期等重点时段联合会商；支持三峡—金沙江等中上游梯级水库群效益的最大化发挥。

(2)提升电力市场发送用一体化高效运行气象保障服务能力

①输电通道重大气象风险监测评估及影响预报

加强长江流域水风光发电的外送服务，提供受电区及输电通道气温、降水的监测预报；

开展主要输电通道和受电区暴雨、雨雪冰冻、雷电和大风等典型气象灾害的监测评估和风险预报;提供寒潮、台风、持续高低温等重大过程的预报预测和影响评估。

②面向电力消纳与交易的受电区预报预测服务

为应对电力市场改革对大型电站发电消纳与交易的影响,提供服务区域的电力交易业务相关气象要素服务,包括从短期到中长期风速风向、辐照度、影响出力的灾害性天气等气象要素预报;提供电力交易气象综合服务,包括区域出力预测、场站出力预测、负荷预测、电量预测、电价预测等数据模型服务;提供面向电力交易场景的气象专家综合服务。

(3)开展核心技术创新联合攻关

在清洁能源场站灾害性天气和梯级水电联合调度气象预报预测技术、电力市场一体化高效运行气象保障关键技术、水风光储多能互补气象服务关键技术、流域气候和生态环境监测评估技术等多个研究方向开展科研合作,建立水电气象服务产品、流域和受电区气象预报预测及检验评价、气-水-电多源数据存储等标准规范。

(4)强化多源气象数据融合和智慧业务平台保障服务能力

聚焦大水电、新能源、生态大保护应用需求,开展气象数据、水文数据、行业数据等气象大数据的收集、存储和标准化建设,按照“统一接入,共享数据”的模式,建立起面向三峡集团等大型水电企业的气象数据中台,统一水风光等气象相关数据的传输接入,集中提供多维综合实况观测、预报和服务产品。加强云计算、大数据、人工智能等新一代信息技术的应用,持续迭代更新气象业务平台,实现智慧观测、预报和多渠道多用户共享服务的能力,满足大型水电企业业务发展需要。

参考文献

毕宝贵，矫梅燕，李泽椿，2004. 2003年淮河流域洪涝暴雨的气象水文特征分析[J]. 南京气象学院学报(5)：577-586.

陈金荣，徐安雄，1996. 长江防洪系统水情监测和预报技术研究概述[J]. 人民长江，41(8)：2-3，46.

陈菊英，王玉红，王文，2001. 1998及1999年乌山阻高突变对长江中下游大暴雨过程的影响[J]. 高原气象(4)：388-394.

褚明华，李荣波，闫永銮，2023. 三峡水库优化调度实践与思考[J]. 中国水利(22)：22-26.

郭生练，陈炯宏，刘攀，等，2010. 水库群联合优化调度研究进展与展望[J]. 水科学进展，21(4)：496-503.

胡挺，梅亚东，汪芸，等，2013. 长江上游大型水库群联合优化调度研究[J]. 水力发电，39(11)：42-46.

匡燕鹉，马忠红，2019. 2017年洞庭湖特大洪水分析[J]. 水文，39(3)：92-96.

李安强，张建云，仲志余，等，2013. 长江流域上游控制性水库群联合防洪调度研究[J]. 水利学报，44(1)：59-66.

孙士型，陈少平，万素琴，等，2008. 三峡近坝区地质灾害气象预警技术研究[J]. 中国三峡建设(3)：23-26.

肖舸，崔讲学，2014. 三峡工程水库调度关键期流域气候特征及预测方法[M]. 北京：气象出版社.

熊莹，2012. 长江上游干支流洪水组成与遭遇研究[J]. 人民长江，43(10)：42-45.

闫宝伟，郭生练，余维，2013. 长江和清江洪水过程遭遇风险分析[J]. 水力发电学报，32(1)：50-53.

郁淑华，2001. 面雨量计算方法的比较分析[J]. 四川气象(3)：3-5.

翟家瑞，1990. 网格点计算面平均雨量的方法及其改进[J]. 人民黄河(2)：26-28.

张方伟，李春龙，訾丽，2011. 金沙江流域降水特征分析[J]. 人民长江，42(6)：94-97. DOI：10.16232/j.cnki.1001-4179.2011.06.001.

张有芷，1986. 长江流域大气水汽输送[J]. 地理学报(3)：274-280.

周允中，杨秀海，1990. 长江三峡致洪暴雨及其产生背景[J]. 气象科学(4)：416-422.

朱艳峰，陈德亮，李维京，等，2007. Lamb-Jenkinson环流客观分型方法及其在中国的应用[J]. 南京气象学院学报(3)：289-297.

JENKINSON A, COLLISON F P, 1977. An initial climatology of gales over the North Sea[J]. Synoptic Climatology Branch Memorandum, No. 62, Meteorological Office Bracknell 18.

MADDEN R A, JULIAN P R, 1971. Detection of a 40－50 day oscillation in the zonal wind in the Tropical Pacific[J]. J Atmos Sci, 28(5): 702-708.

MADDEN R A, JULIAN P R, 1972. Description of global scale circulation cells in the tropics with 40－50 day period[J]. J Atmos Sci, 29(6): 1109-1123.